科学出版社"十三五"普通高等教育本科规划教材

基础生物学综合设计性实验

主　　编　宋新华　史冬燕

副 主 编　张春杨　徐恒戬

编　　委　丁忠峰　韩秀丽　孟国庆　郭燕凤

　　　　　陈艳珍　赵凤云　张秀珍　张秀芳

科学出版社

北　京

内 容 简 介

"基础生物学综合设计性实验"是生物技术、生物工程、生物制药等生物学专业的一门重要的必修实验课程，也适合非生物专业学生选修以提高生物学素养。该实验课程既可以和相关理论课对应开设，也可以独立开设，是学生学习和构建相关专业知识框架的根基。本教材以植物实验和动物实验为主，主要内容包括动植物细胞与组织的观察，动植物器官形态观察与解剖，动植物生理以及常见微生物等方面的21个实验，实验方案设计突出生物学基本实验技能的训练，增强与生产生活的联系，为学生后续专业知识的学习打下基础。

本教材可供普通高等院校生物技术、生物工程、生物制药等专业本科教学使用，也可供相关专业的科研人员参考。

图书在版编目（CIP）数据

基础生物学综合设计性实验 / 宋新华，史冬燕主编. —北京：科学出版社，
2020.6

科学出版社"十三五"普通高等教育本科规划教材

ISBN 978-7-03-065247-8

Ⅰ. ①基⋯　Ⅱ. ①宋⋯ ②史⋯　Ⅲ. ①生物学—实验—高等学校—教材
Ⅳ. ①Q-33

中国版本图书馆 CIP 数据核字（2020）第088897号

责任编辑：王玉时　周万灏 / 责任校对：严　娜
责任印制：张　伟 / 封面设计：迷底书装

科 学 出 版 社 出版
北京东黄城根北街 16 号
邮政编码：100717
http://www.sciencep.com

北京凌奇印刷有限责任公司 印刷
科学出版社发行　各地新华书店经销
*

2020 年 6 月第 一 版　开本：787×1092　1/16
2024 年 1 月第三次印刷　印张：7 1/4
字数：169 000

定价：39.00 元
（如有印装质量问题，我社负责调换）

前　言

　　生命科学是一门实验性很强的学科，生物科学的发展史就是通过实验探究创新的历史，可以说没有实验就没有生命科学。动物、植物是生命科学研究的重要对象，学习动植物的生物学特征、掌握动植物的观察解剖技能承载着重要的意义。本教材共21个实验，其中植物学实验项目主要由菏泽学院史冬燕老师编写，山东理工大学徐恒戬老师和韩秀丽老师进行了补充。微生物实验项目由山东理工大学的张春杨老师编写，菏泽学院的孟国庆、郭燕风两位老师进行了补充。动物学实验项目由山东理工大学的宋新华老师编写。"基础生物学综合设计性实验"是生物学的经典实验课程，因此编者在编写本教材时，一方面突出学生对基本实验技能的掌握，另一方面强调了该课程和后续课程间的窗口和桥梁作用。本教材具体特点有如下三个。

　　1）优先选择模式生物作为实验材料。植物实验材料选择拟南芥和水稻，针对拟南芥设计的实验包括实验十三至实验十五3个实验，针对模式植物水稻设计了实验十六。动物实验材料选用了斑马鱼和小鼠。微生物实验材料选用了大肠杆菌和酵母菌。

　　2）突出生物学基本实验技能的掌握。生物绘图、显微镜使用、生物制片、生物解剖是生物专业的基本技能。21个实验中有9个实验安排了铅笔绘图，10个实验使用了显微镜，还包括4个动物解剖实验、4个生物制片实验。

　　3）以问题为导向，动脑与动手相结合。编者在部分基础实验中增加了思考题目，让学生带着问题解剖和观察。另外，编者设计了实验六、实验十五、实验十六等综合设计性实验，以调动学生探究问题的主动性和积极性，更好地培养学生分析问题、解决问题的能力。

　　本教材的编写历时半年，感谢丁忠峰老师提供的实验照片，感谢美术学院孙相相同学帮助绘制图片，感谢史冬燕、张春杨、徐恒戬、韩秀丽、孟国庆、郭燕风、陈艳珍、赵凤云、张秀珍、张秀芳等老师在编写工作中付出的努力，感谢王衍喜老师退休时留下的实验资料。

　　虽然我们努力做到最好，但是教材的编写工作还是有许多不如意的地方，如语言不够简练，资料不够丰富，尤其是实验中拍摄的照片清晰度还不够好，恳请专家和读者多提建设性意见。

宋新华

2020 年 1 月

目　录

实验一　显微镜使用与临时装片的制作

显微镜是人类 20 世纪最伟大的发明之一。显微镜让人们第一次看到了一个全新的微小世界。最早的显微镜是用两片透镜制作的，荷兰亚麻织品商人列文·虎克（1632—1723）用他自己磨制的透镜，第一次描述了许多肉眼看不见的微小植物和动物。

实验室常用光学显微镜有单式显微镜和复式显微镜两类。单式显微镜由一个透镜或几个透镜组成，放大倍数一般在 200 倍以下，单式显微镜放大图像与实物方向一致，是直立的虚像。动物实验室常用的立体显微镜（又名体视显微镜、解剖显微镜）就是稍微复杂的单式显微镜。复式显微镜由两组以上的透镜组成，结构复杂，有效放大倍数可达 1250 倍，放大的图像与实物方向相反。对显微镜的了解和熟练使用，是从事生命科学的研究者应具备的最基本技能之一。

【实验目的】

1）了解普通光学显微镜的基本构造，能够规范、熟练地使用显微镜。

2）掌握人血涂片的一般制作方法。

【实验材料与用品】

（一）仪器

普通光学显微镜、立体显微镜。

（二）材料

擦镜纸、生物玻片标本、载玻片、盖玻片、吸水纸、注射器、采血针。

（三）试剂

二甲苯、香柏油、甲醇、瑞特染液。

【实验操作与观察】

（一）普通光学显微镜的构造

广泛使用的普通光学显微镜是双镜筒、内置光源的复式显微镜，由机械系统、光学系统和光源系统三部分组成。机械系统包括镜座、镜臂、镜筒、载物台、标本移动器、镜头转换器；光学系统包括目镜和物镜；光源系统包括光源、聚光器和虹彩光圈（图 1-1）。

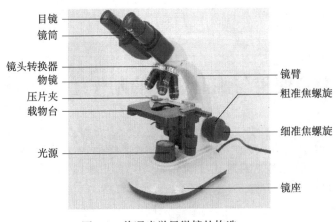

目镜
镜筒
镜头转换器
物镜
压片夹
载物台
光源

镜臂
粗准焦螺旋
细准焦螺旋
镜座

图 1-1　普通光学显微镜的构造

1. 镜座和镜臂　　镜座是显微镜底部的承重部分，镜座前方装有内置光源和集光镜，镜座基部有内置光源的电源开关和光量调节器，用以调节光线的强弱。显微镜后方竖立着镜臂，需要搬动显微镜时，左手托着镜座，右手握着镜臂弯曲的部分。镜臂的顶端安装有目镜镜筒和物镜镜头转换器，分别安装目镜镜头和物镜镜头。

2. 物镜和镜头转换器　　常用的光学显微镜均备有几个倍数不同的物镜，低倍镜一般有 4× 、10× 两种；放大 40× 以上的为高倍镜，放大 100× 以上的为油镜。物镜是显微镜获得物像的主要部件，是对被观察的物体做的第一次放大。物镜安装在一个可旋转的圆盘上，圆盘为镜头转换器。旋转镜头转换器可以换用不同倍数的物镜。

3. 目镜和镜筒　　显微镜常备有几个倍数不同的目镜，一般有 5× 、10× 、12.5× 等几个放大倍数的目镜，其作用是将物镜放大了的物像进行再放大。目镜安装在镜筒上端，两目镜间的距离可以调节，以适应观察者的瞳距。镜筒基部两端各有一个视度调节圈，旋转视度调节圈可以升降目镜的位置。

4. 载物台与标本移动器　　载物台是放置玻片标本的平台，中央有椭圆形通光孔，由下方投射的光线在通光孔处透过玻片标本进入物镜。载物台上装有标本移动器和标本移动器调节螺旋，标本移动器上的压片夹固定住玻片标本，转动标本移动器调节螺旋，可以前后左右地移动玻片标本。标本移动器上带有横向和纵向的标尺，利用标尺上的刻度可以迅速寻找和定位所观察标本的位置。

5. 调焦螺旋　　在镜臂基部两侧或一侧有粗、细调焦螺旋，旋转调焦螺旋可以调节物镜与载物台上标本之间的距离，获得清晰的图像。粗、细调焦螺旋组合在一起形成同心轮，外周粗的是粗调焦螺旋，其升降距离较大，主要用于寻找目的物；中央突出的是细调焦螺旋，其升降距离较小，能精确地对准焦点，获得更清晰的物像，主要在高倍镜时使用。

6. 聚光器和光澜　　聚光器位于载物台通光孔正下方，由 2 或 3 块凸透镜组成，作用是聚集来自下方的光线，并使整个物镜的视野均匀受光，提高物镜的分辨力。聚光器下面是可变光澜，推动操纵光圈的调节杆，可以调节光圈的大小，使上行的光线强弱适宜，便于观察。

（二）普通光学显微镜的使用方法

1. 安放和对光　　移动显微镜，要右手紧握镜臂，左手平托镜座，轻放在平稳的桌子上，距离观察者胸前约 20cm 处，目镜正对着观察者。旋转镜头转换器，使低倍物镜正对透光孔，同时将聚光器升至最高点，然后打开内置光源开关，并调节光量使目镜内观察到的视野明亮又均匀。在对光过程中，还可以通过调节光澜光圈大小和升降聚光器调节视野明亮度。在对光过程中，还需要调节左右镜筒之间的距离，以适应观察者两眼的眼间距，使左右目镜的视野完全重合。

2. 低倍镜观察　　用标本移动器上的压片夹将玻片标本安放在载物台上，有盖玻片的一面朝上，转动标本移动器调节螺旋，让被检物体位于低倍镜正下方，开始调焦。转动粗调焦螺旋调节载物台与物镜间的距离，观察者从侧面注视，以二者间距离 5mm 为度，然后观察者从目镜内观察，慢慢转动粗调焦螺旋，直到看清标本清晰物像。如果观察的目标不在视野中央，可调节标本移动器，使之位于视野中央。

3. 高倍镜观察　　在低倍镜下将需要详细观察的标本部分移至视野中央，再转动镜头转换器，更换高倍物镜至工作位置。轻微转动细调焦螺旋，就可看到更清晰的物像。注意在高倍镜下不能使用粗调焦螺旋。由于显微镜下观察的被检物有一定厚度，故在观察过程中必须随时转动细调焦螺旋，以了解被检物不同光学平面的情况。

4. 油镜观察　　高倍镜观察到的标本需要进一步放大观察时，需要使用油镜。首先，在高倍镜下把需要详细观察的标本转移到视野中央，再转动镜头转换器让高倍镜离开工作位；然后滴 1 滴香柏油于玻片标本待观察的区域上，将油镜头转至工作位置，并浸没于香柏油内。第一次使用油镜时要侧目观察，保证油镜进入工作位时不会碰触到标本，避免油镜头与载玻片相碰而损坏了镜头及玻片；然后从目镜中观察，用细调焦螺旋极其缓慢地调节至出现物像为止，此时还应适当增加光的亮度。

注意，使用完毕后要将镜头从香柏油中脱离，取下玻片，用擦镜纸擦去镜头和玻片上的香柏油，再用擦镜纸蘸少许二甲苯或者乙醚乙醇（7:3）混合液擦拭镜头上的油迹，最后用干净擦镜纸擦拭。

显微镜使用完毕，要关闭电源，将物镜镜头转离工作位，取下玻片，将载物台和聚光器降至最低。用擦镜纸擦净目镜和物镜，罩上防尘罩。

（三）立体显微镜的结构与使用

立体显微镜的结构比普通光学显微镜简单，把物像放大的倍数也有限，一般不超过 200 倍。立体显微镜镜下看到的物像为正向，物镜和被观察物之间的工作距离较大，对于一边解剖微小物体一边观察的操作者较方便。旧式立体显微镜不自带光源，需要借助环境光源照亮被观察物的表面。新式立体显微镜一般都有上光源和下光源两种光源，不依赖外光源，使用更加方便（图 1-2）。

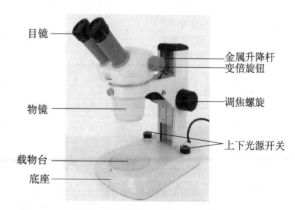

图 1-2　立体显微镜的构造

用立体显微镜观察植物叶片表面，操作如下所示。

1）将立体显微镜放置平稳，然后打开上光源开关（表面光），把叶片放在显微镜底座的载物台中间位置，将显微镜的变倍旋钮旋到最低倍数，通过调节调焦螺旋找到焦平面（最佳成像面）。

2）调整目镜的观察瞳距，并调整目镜上的屈光度。

3）逐渐旋大变倍旋钮的倍数，调节显微镜的调焦螺旋，找到最大倍数的焦平面。

4）将变倍旋钮旋到最低倍数，调节两只目镜上面的屈光度以适应眼睛的观察（屈光度因人而异）。此时，显微镜已经齐焦，即显微镜从高倍变到低倍，整个像都在焦距上。同样的叶片，不需要再调节显微镜的其他部件，只需要旋动变倍旋钮就可以轻松地对叶片表面进行变倍观察。

（四）人血涂片标本的制备及其与蛙血涂片的比较

1. 采血　　用消毒棉球由内向外擦拭左手中指指腹，乙醇挥发完毕后用一次性采血针刺破中指指腹，挤出一滴血，用注射器吸取血液，滴一小滴在洁净载玻片右端。

2. 推片　　另取一片边缘光滑的载玻片作推片，把推片左端的短边斜置于血滴的左缘并接触血滴，由于张力作用血液散布在两玻片夹角间，夹角45°，保持两玻片间45°，将推片向左方匀速推进，使玻片上留下薄而均匀的血膜。

3. 染色　　将涂有血膜的玻片，在酒精灯火焰上方快速移动（血膜朝上），使之尽快干燥，避免细胞皱缩。干燥后的血涂片放入盛有甲醇的染色缸内，固定3~5min。将固定后的血涂片平放在玻片架上，滴加瑞特染液8~10滴，以盖满血膜为宜，染色15~30min；然后在染色玻片的一端用自来水细流缓缓冲去染液，斜立血涂片于空气中，晾干后置于显微镜下观察。

4. 观察并完成填写　　请完成表1-1的填写。

表1-1　血细胞形态与功能比较

项　目	形态特征	数量	功能
蛙红细胞			
人红细胞			
人白细胞			
嗜酸性粒细胞			
嗜碱性粒细胞			
中性粒细胞			

【作业与思考】

1）总结使用普通光学显微镜时应特别注意的几个问题。

2）把下图填写完成。

普通光学显微镜

【拓展阅读】

生物绘图

生物绘图技术是重要的生物学实验基本技术之一。生物绘图是运用绘画手法，将生物体的外部形态、内部构造、细胞组织结构的特征以及生态环境和自然景物等内容，进行科学形象表达的一种形式，是科学与艺术融合的产物。

随着数码摄像技术和显微镜技术的发展和结合，拍摄生物照片相比生物绘图显得更加方便。但是，仪器永远代替不了人眼看到的真实影像，尤其是影像经过人的分析处理，剔除一些因为仪器误差或材料处理造成的假象，最终通过人类灵巧的手绘制出来的图谱，才是真实的世界的映射。另外，在一些无法依赖摄像机的特殊环境中，也需要把一些珍贵的、转瞬即逝的生物学现象借助绘图技术描绘下来。

生物绘图最常用的方法是点点衬阴法。该法对需要描绘的生物对象先进行深入细致的显微观察，充分观察了解所绘材料的形态结构特征、排列及比例，再选择有代表性的、典型的部位进行绘图。绘图者把图形画出后，用铅笔点圆点表现物体的立体感，暗处点密，明处点疏。

1. 生物绘图的 6 点要求

1）高度的科学性。生物绘图前对生物对象进行细致入微的观察，力求客观真实地反映材料的自然状态，具备高度的科学性。

2）用点和线表现明暗和着色深浅，不能用涂抹。线条要一笔画出，粗细均匀，光滑流畅，接头处尽量不留痕迹。点要圆而整齐，大小均匀，不能像蝌蚪带着尾巴。图案中的明暗和深浅要通过点的疏密来表现。

3）比例正确，大小适宜，力求准确。构图要有整体观，各器官大小和长短比例准确，倍数正确。

4）图注整齐。注图线用直尺画出，间隔要均匀，且一般多向右边引出，图注部分接近时可用折线，但注图线之间不能交叉，图注要尽量排列整齐。

5）图面保持整洁。

6）图及图注一律用铅笔绘制，通常用 2H 或 3H 铅笔。绘图后在绘图纸上方要写明实验名称、班级、姓名、时间，在图的下方注明图名及放大倍数。

2. 生物绘图的 4 个基本步骤

1）构图。根据绘图对象的特点和纸张大小，安排好绘图的位置及大小，注意留好注释文字和图名的位置。

2）起稿。依观察结果，用 2H 或 3H 铅笔轻轻勾一个轮廓，确认各部分比例无误后，再把各个部分勾画出来。

3）绘图定稿。有了整体和各部分的轮廓以后，通常采用"积点成线，积线成面"的表现手法，即用线条和圆点来完成全图。绘线条时尽可能一气呵成不反复，要求线条均匀、平滑，无明显的起落笔痕迹。圆点要点得圆、点得匀。

4）注图。绘好图之后，用引线和文字注明各部分名称。注字一般用平行引线向右一侧注明，同时要求所有引线右边末端在同一垂直线上。在图的下方注明该图名称和放大倍数。注意：所有绘图和注字都必须使用 HB 型、2H 或 3H 铅笔。

文献资料

范瑶，陈钱，孙佳嵩，等. 2019. 差分相衬显微成像技术发展综述 [J]，红外与激光工程，（6）：224-243.

王远山，郝文辉，吴哲明，等. 2019. 原位显微镜在细胞生物量在线监测中的发展与应用 [J]，生物工程学报，（9）：1609-1618.

周晓勤，侯强，刘强，等. 2015. 微纳结构几何特征检测技术的研究现状与发展趋势 [J]，北京工业大学学报，（3）：327-339.

实验二　多细胞动物早期胚胎发育和动物组织观察

　　动物虽然种类繁多，但是早期胚胎的发育过程非常相似。精子与卵子结合之后会形成受精卵，由于卵黄分布的不对称，受精卵分为动物极和植物极。蛙的卵裂方式是完全不等卵裂，受精卵首先从动物极开始分裂成两个细胞，之后细胞通常会逐次倍增。卵裂球达到128个以上细胞数目的阶段，称为囊胚（blastula），囊胚内部靠近动物极的区域会形成一个囊胚腔。当细胞分裂成为囊胚之后，会经过一段称为原肠形成的发生过程，形成原肠胚；随后不同动物的胚胎利用同种方式形成了外胚层、中胚层与内胚层的组合，而这三种胚层在之后会形成各种组织和器官。

【实验目的】

　　1）通过观察蛙早期胚胎发育不同时期切片，熟悉多细胞动物早期胚胎发育的一般过程。

　　2）学习动物四大组织的特点。

扫码见本实验彩图

【实验材料与用品】

（一）材料

　　蛙早期胚胎发育切片（卵裂1细胞期、卵裂2细胞期、卵裂早期、卵裂晚期、囊胚期、原肠期、神经板期、神经沟期、神经管期、蝌蚪期），动物组织切片，载玻片，注射器。

（二）试剂

　　甲醇，吉姆萨染液。

【实验操作与观察】

（一）蛙早期胚胎发育各时期切片观察

　　1. 受精卵观察　　蛙的受精卵是一个大细胞，观察不到细胞核，处于分裂前的准备状态。蛙受精卵有极性，动物极朝上，颜色为棕黑色，植物极朝下，颜色为乳白色，卵黄主要分布在植物极。观察切片时，主要从颜色上区分动物极和植物极（图2-1）。

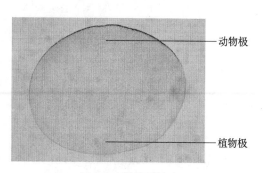

图2-1　蛙的受精卵

　　2. 卵裂2细胞期　　受精卵是新个体发育的开始，受精卵进行卵裂不同于一般细胞分裂，分裂形成的细胞未长大又继续分裂，所以分裂球会越来越小。卵裂2细胞期是从第一次卵裂沟出现到第二次卵裂沟出现期间。第一次卵裂和第二次卵裂都是经裂，卵裂沟从动物极向植物极延伸，形成两个几乎相等的分裂球。两个卵裂球之间会有间隙，将来形成囊胚腔（图 2-2）。

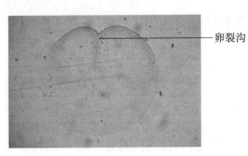

图 2-2　卵裂 2 细胞期

3. 卵裂早期　　蛙卵的第 3、4 次卵裂，分别是纬裂和经裂，纬裂是不均等卵裂，形成上层小的动物极分裂球和下层大的植物极分裂球；经裂基本上平行于第 1 次分裂面（图 2-3）。

4. 卵裂晚期　　蛙卵的第 5、6 次卵裂，形成多个同时的纬裂面和经裂面，动物极的卵裂稍快于植物极，细胞层次不再清晰（图 2-4）。

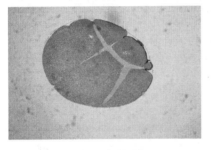

图 2-3　卵裂早期

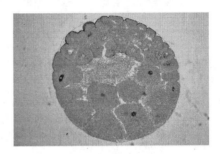

图 2-4　卵裂晚期

5. 囊胚期　　经过多次卵裂以后，分裂球的数目增多但是体积变小，外形像是一个篮球，囊胚腔位于动物半球。囊胚的壁由多层细胞组成，动物极的分裂球数量多、个体小，植物极的分裂球数量少、个体大（图 2-5）。

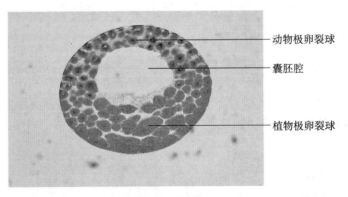

动物极卵裂球

囊胚腔

植物极卵裂球

图 2-5　囊胚期

6. 原肠胚　　观察原肠胚早期的切片，可以看到在偏向植物极的位置，出现一个或深或浅的凹陷，这标志着原肠胚形成的起始。凹陷进去的是植物极细胞，将来形成内胚层，凹陷越来越深形成原肠腔。凹陷的背缘（动物极方向）叫背唇，随着动物极细胞的不断分裂，许多动物极细胞向背唇集中、卷入胚胎内部，卷入的动物极细胞预定为脊索和中胚层（图 2-6）。在原肠胚的后期，背唇向两侧扩展形成侧唇，继续向腹面弯曲形成腹唇，背唇、侧唇和腹唇围成的孔称胚孔，将来发育成肛门。在原肠胚晚期，动物极细胞分裂呈现下包之势，把植物极的细胞逐渐内卷，胚孔也被卵黄细胞充满形成卵黄栓，所以原肠胚的晚期又叫作卵黄栓期（图 2-7）。随着动物极细胞继续外包和内卷，卵黄栓随之缩小，最终被包入。

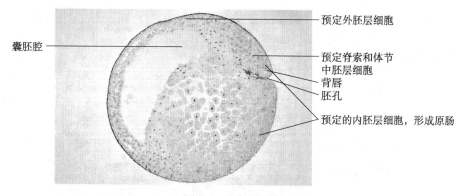

图 2-6 原肠胚早期

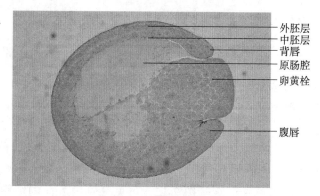

图 2-7 原肠胚晚期

7. 神经胚期　　原肠胚发育到最后，在胚胎的背面开始形成 2 条互相平行的隆起形成神经板，隆起联合起来形成神经管。神经管形成的同时，可以看到由胚孔内卷进去的动物极细胞形成脊索中胚层和中胚层，脊索中胚层位于原肠的背壁，中胚层位于原肠的两侧（图 2-8a），可以参考蝌蚪头部的横切片理解神经管的形态（图 2-8b）。

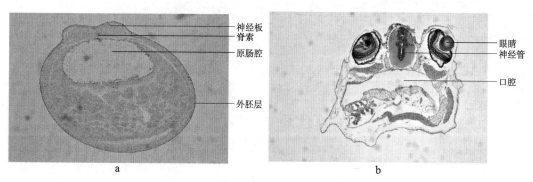

图 2-8 神经胚早期

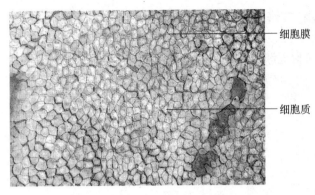

图 2-9　单层扁平上皮

（二）上皮组织

上皮组织来源于外胚层或内胚层，分布于体表以及体内各种管腔囊的表面，具有保护、扩散、分泌和吸收等功能。组织特点是细胞排列紧密，细胞间质少。

1. 单层扁平上皮　观察图 2-9，在黄色或淡黄色的背景上显现出深色的波形线，是单层扁平细胞的边界，可以看到细胞为多边形，相邻细胞排列紧密。其分布在人体表面和体内各管、腔、囊的内表面。

2. 单层立方上皮　观察兔甲状腺切片，看到许多大小不等的红色甲状腺滤泡，滤泡壁由 1 层立方上皮细胞构成（图 2-10）。其常见于腺体排泄管、肾小管等处。

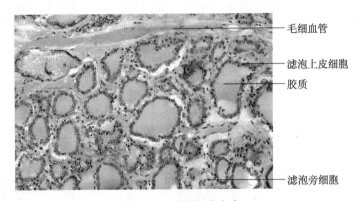

图 2-10　单层立方上皮

3. 单层柱状上皮　高倍镜观察，可见上皮细胞为柱状，核蓝紫色，靠近细胞的基底部（图 2-11）。其分布于人体胃、肠、子宫和输卵管的内腔面，有吸收和分泌的功能。

4. 假复层纤毛柱状上皮　观察图 2-12，可见气管内表面的细胞排列紧密，彼此挤压，细胞形状很不规则。细胞一端都与基膜相连，但另一端，有的细胞达上皮游离面，有的未达游离面，细胞核位置高低不等，形似复层细胞组织。

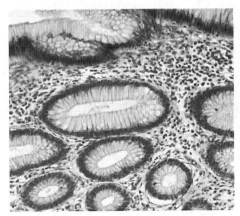

图 2-11　单层柱状上皮

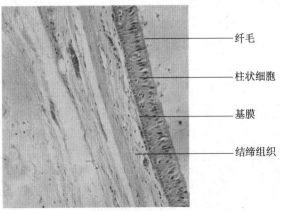

图 2-12　假复层纤毛柱状上皮

5.复层扁平上皮　　哺乳动物食管靠管腔的部分为复层扁平上皮。与基膜相连的是一层排列整齐的短柱状细胞，细胞核圆形；中层为几层多角形细胞，排列不整齐，核变得扁平；接近表面的细胞变为扁平状，核呈长梭形（图 2-13）。

（三）肌肉组织

1.骨骼肌装片观察　　观察图 2-14 可见，骨骼肌为长条形肌纤维，多核，表面有肌膜。每条肌纤维内有很多纵行的细丝状肌原纤维。肌原纤维上有明暗相间的横纹，即明带（I 带）和暗带（A 带）。观察骨骼肌横切片（图 2-15），可见肌纤维呈多边形或不规则圆形，外有肌膜，细胞核紧贴肌膜内侧。

2.心肌　　观察心肌纵切面，可见心肌纤维彼此以分支相连。把光线调暗一些，可看到心肌纤维的横纹，但不及骨骼肌的明显。在心肌纤维及其分支上，可见到染色较深的梯形横线，即闰盘。

3.平滑肌　　高倍镜下观察平滑肌分离装片，可见分离的平滑肌纤维呈长梭形，核长椭圆形，位于细胞中部（图 2-16）。

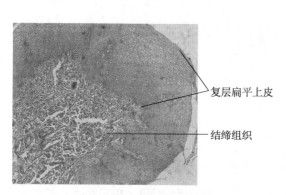

图 2-13　复层扁平上皮

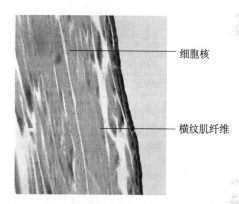

图 2-14　骨骼肌纵切

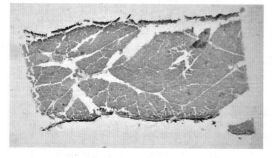

图 2-15　骨骼肌横切

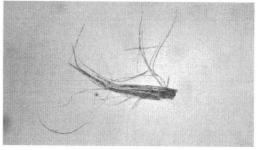

图 2-16　平滑肌分离装片

（四）结缔组织

1.蛙血涂片

1）解剖蛙，暴露心脏，用注射器吸取蛙心血液，滴 1 滴在洁净载玻片右端，注意血滴不宜过大。

2）将另一个边缘光滑的载玻片（推片）斜置于第 1 块载玻片上血滴的左缘，并稍向右移，接触血滴，使血液散布在两玻片之间，将推片以约 45°迅速向左方匀速推进，使玻片上留下薄而均匀的血膜。

3）摇动涂有血膜的玻片，使之尽快干燥，避免细胞皱缩。晾干后的血涂片放入盛有甲醇的染色缸内，固定 3～5min。将固定后的血涂片滴加吉姆萨染液盖满血膜，染色 15～30min，然后在染色玻片的一端用自来水细流缓缓冲去染液，斜立血涂片晾干观察。图 2-17 所示蛙红细胞呈椭圆形，中央有一个椭圆形细胞核，呈蓝色，细胞质呈红色；此外，还可见到白细胞和血小板。

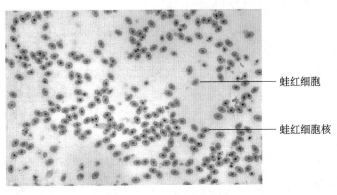

蛙红细胞

蛙红细胞核

图 2-17　蛙的各种血细胞

2. 脂肪组织　　从图 2-18 中可看到密集成群的圆形或多角形的空泡，即脂肪细胞（细胞质内的脂肪滴已经溶解）；细胞核偏于细胞的一侧。

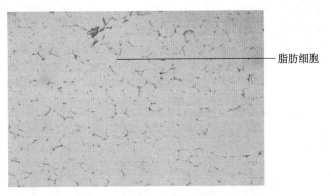

脂肪细胞

图 2-18　脂肪细胞

3. 疏松结缔组织　　疏松结缔组织细胞种类较多，有成纤维细胞、巨噬细胞、肥大细胞、浆细胞等，其中成纤维细胞数量最多，呈多突扁平形。胶原纤维为粉红色粗细不等的细带状，它们相互交叉排列，数量较多，有时胶原纤维呈波浪状。弹性纤维为深紫褐色，比胶原纤维细，单条分布而不成束，有分支，并交织成网（图 2-19）。

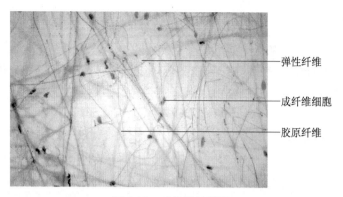

图 2-19　疏松结缔组织

4. 透明软骨　　透明软骨由软骨细胞、纤维和基质组成，软骨细胞埋在由基质形成的骨陷窝内，在陷窝周围的基质着色很深，称软骨囊，基质内有纤维。透明软骨表面是致密结缔组织的软骨膜。近软骨膜的软骨细胞较小而密，平行于软骨膜排列（图2-20）。

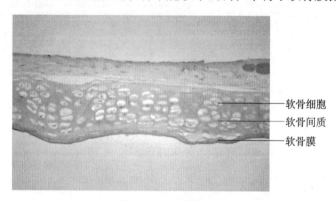

图 2-20　透明软骨

5. 硬骨磨片　　硬骨的致密部分由内外表面的内外环骨板和中间的骨单位组成。骨单位是由骨板排列成圆形或椭圆形的同心环状结构，中央的圆孔为中央管。骨单位之间有间骨板。呈同心圆排列的骨板间有许多深色的小腔隙，即骨陷窝，其内的骨细胞已不存在，骨陷窝向四周发出的细小放射状分支是骨小管，相邻骨陷窝之间的骨小管彼此相通连（图2-21）。

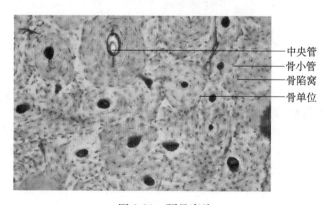

图 2-21　硬骨磨片

（五）神经组织

1. 脊髓横切面 脊髓横切面呈扁圆形，中央染色较浅呈蝴蝶状的为灰质，中间有孔为中央管，蝴蝶形区域背面的突起为后角，腹面较宽的突起为前角。周围染色较深的部分为白质（图 2-22）。

2. 牛脊髓灰质涂片 取新鲜牛脊髓灰质做涂片，结果如图 2-23 所示。神经组织由神经细胞（神经元和神经胶质细胞）组成。神经元是构成神经系统的功能单位，它由细胞体和细胞突两部分构成。神经胶质细胞小，有支持、保护、营养和修补等功能。

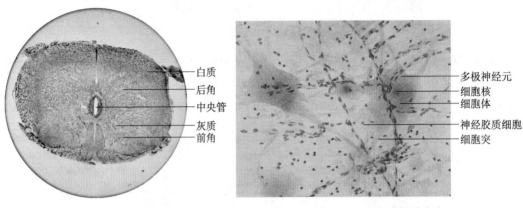

图 2-22 脊髓横切面　　　　　图 2-23 牛脊髓灰质涂片

3. 骨骼肌运动终板 图 2-24 可见骨骼肌平行排列成束，传出神经纤维着色深，分布到骨骼肌纤维上，传出神经纤维接近肌纤维时，末端再行分支成爪形小球，爪状分支端膨大，在与肌纤维附着处形成椭圆形板状隆起，即为运动终板。

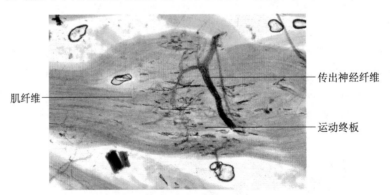

图 2-24 骨骼肌运动终板

【作业与思考】

绘制多细胞动物早期胚胎发育的思维导图。

实验三 蛔虫和环毛蚓的解剖

蛔虫和环毛蚓都有细长圆筒状的外形，但是内部结构和机能却有着巨大的不同。蛔虫属于假体腔动物，只有体壁中胚层没有肠壁中胚层，消化机能弱，没有真正的循环系统。环毛蚓属于环节动物，身体分节，具有比假体腔进步的真体腔；相应的消化系统得到完善，具有了闭管式循环系统、排泄系统和运动器官等。通过蛔虫和环毛蚓的形态解剖比较，理解真体腔的出现在动物进化史上的积极作用。

【实验目的】

1）通过对蛔虫的解剖与观察，了解假体腔动物的一般特征。
2）通过对环毛蚓的解剖与观察，了解环节动物门的基本特征。
3）蛔虫和环毛蚓外形与内部结构的比较。

扫码见本
实验彩图

【实验材料与用品】

（一）仪器

立体显微镜。

（二）材料

解剖器具、蜡盘、烧杯、滴管、猪蛔虫新鲜或浸制标本、环毛蚓新鲜或浸制标本、蛔虫和蚯蚓的横切面玻片标本。

【实验操作与观察】

两人 1 组，雌性或雄性蛔虫 1 条，环毛蚓 1 条。

（一）蛔虫的外形和内部构造

1. 外形观察　　取雌或雄性蛔虫浸制标本用清水冲洗后置蜡盘中进行观察。蛔虫身体呈细长圆筒状，体表光滑，有许多细横纹，从体表可以观察到贯穿身体前后的背线、腹线和两条侧线，侧线较粗、明显。蛔虫前端较钝，后端尖；用立体解剖镜可以观察到前端中央有口，口周围有 3 片唇，背面的一片较大为背唇，腹面的两片较小为腹唇。唇瓣上有乳突。根据背唇的位置可以区分蛔虫的背腹面。蛔虫雌雄个体差异较大，雌虫较粗大，后端不弯曲，肛门位于后端腹面；雄虫较小，后端向腹面弯曲，雄性生殖孔与肛门合而为一，称泄殖孔（图 3-1）。

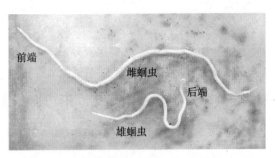

图 3-1　雌雄蛔虫

2. 内部解剖　　分清蛔虫的前、后端和背、腹面，将蛔虫腹面向下置于蜡盘上，一只手轻按虫体，另一只手用解剖针沿着蛔虫的体壁背部正中偏右从前向后划开，注意开口略偏离背线，也不要损坏内部器官。用大头针将体壁展开固定在蜡盘中，可以加少量清水把消化器官和生殖器官浸没后观察。

（1）消化系统　　蛔虫的消化系统前端为口和咽，后端为肛门，中间为一条直管，扁管状，注意管壁很薄，没有肌肉层，肉眼观察不到明显的分化。

（2）生殖系统　　缠绕在消化管周围的细长管状结构是生殖器官，用镊子一边分离一边观察。

雄蛔虫的生殖器官是 1 条细长管状结构，游离端细长而弯曲的部分为精巢，紧连着精巢的稍粗的管状结构为输精管，二者界限不明显，输精管后是膨大较粗的贮精囊，贮精囊末端连接细直的射精管，射精管通泄殖腔，由泄殖孔通体外。

雌蛔虫的生殖器官是 1 对卵巢，为末端游离的细长管状结构，相连着逐渐加粗的半透明输卵管，输卵管后端明显粗大、呈白色的部分是子宫。一对子宫汇合成短的阴道，开口于体前端 1/3 处腹面正中的生殖孔。

3. 横切面玻片标本的观察　　取蛔虫横切片，放置于 4× 或 10× 倍镜下观察蛔虫的体壁结构、消化道和生殖系统（图 3-2）。

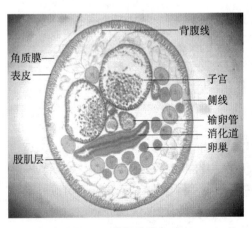

图 3-2　雌蛔虫横切面

（1）体壁　　从外向内体壁由角质层、表皮层和肌肉层组成。最外层为角质层，是一层无细胞结构的膜。角质层内侧是表皮层，为合胞体结构。表皮层向内增厚形成 4 条纵行体线，分别是位于身体背面正中的背线，腹面正中的腹线以及身体两侧的侧线。背线内侧含背神经，腹线内侧含腹神经。侧线内侧各有排泄管。肌肉层较厚，由许多纵肌细胞组成，有收缩机能；纵肌细胞的端部伸入假体腔，内含细胞核，染色较浅，称原生质部，原生质部分别与背神经或腹神经相连。

（2）肠　　横切面中较大的扁圆形的管是肠，管壁由单层柱状上皮细胞组成。

（3）生殖系统　　肠与体壁之间的空隙为假体腔，假体腔中充满生殖器官。雌蛔虫横切面中管径最小、细胞呈放射状排列、形似车轮的为卵巢；管径较粗、内有卵细胞的是输卵管；管径最粗、成对存在、管腔明显的是子宫，子宫内充满卵。雄蛔虫横切面中染色深、管径小的是精巢；较粗、内有颗粒状精细胞的是输精管；管径大、内有条形精子的是贮精囊（图3-3）。

图 3-3　雄蛔虫横切面

（二）环毛蚓的外部形态和内部构造

取环毛蚓新鲜或浸制标本，清水冲洗后置蜡盘中观察。

1. 外形　　首先分清环毛蚓的前后端。环毛蚓的身体是同律分节的，除了前端第一、二节和最后一节外，各节外形相同，但性成熟的环毛蚓在身体前端有一个隆起的环带叫生殖带，可据此区分前后端。也可以用放大镜观察两端的体节，第一节中间有口，口的背面有肌肉质的口前叶，生活状态下口前叶可膨胀，有摄食、掘土和触觉功能；最后一节有纵列状肛门。还可以依赖体表颜色区分环毛蚓的背腹面，环毛蚓的背面颜色深，腹面颜色浅淡。背面正中节间沟处有背孔，用手指挤压环毛蚓身体两侧，有体腔液从背孔中流出。环毛蚓腹面有受精囊孔（5/6～8/9 节间沟两侧）、雄性生殖孔（第 18 节腹面两侧）和雌性生殖孔（第 15 节腹中线）。

2. 内部解剖和观察　　从环毛蚓第 30 个体节开始，用剪刀沿身体背中线偏右侧处剪开体壁，一直剪到口，注意剪刀尖稍向上挑起，以免损伤内部器官。用镊子和解剖针相互配合，把剪开的体壁和肠管之间的隔膜划开，然后用大头针把体壁向两侧展开并固定。注意大头针要外斜 45° 交错排列。身体前端体壁和肠管之间的隔膜较厚，可以用眼科剪将隔膜剪开，依次观察消化系统、循环系统、生殖系统等结构（图 3-4）。

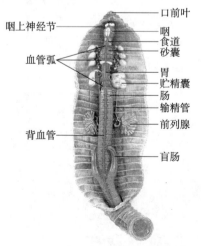

图 3-4　环毛蚓身体前部的解剖模型（背面观）（示消化、循环与生殖系统）

（1）消化系统　　环毛蚓有完整的消化系统，由前至后依次为：口腔，咽，食道，砂囊，胃，肠和盲肠。咽位于第 4～5 体节，稍膨大，肌肉发达。砂囊位于第 9～10 体节，球状或桶状，囊壁富肌肉，用镊子夹一下可以感受到肌肉质囊壁的硬度和韧性。胃位于第 11～14 体节内，细长管状。砂囊和胃的两侧有多对血管弧。盲肠在第 27 体节处，是肠两侧一对向前突出的囊状物，尖端向前。盲囊是蚯蚓重要的消化腺。观察环毛蚓的横切面时，可以看到肠壁背部中央内陷形成盲道，盲道的作用是增加消化、吸收面积。和蛔虫相比，环毛蚓的消化道有了较多的分化，这得益于真体腔的形成。

（2）循环系统　　环毛蚓的循环系统是闭管

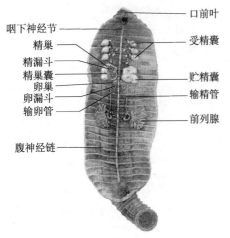

图 3-5 环毛蚓身体前部的解剖模型（背面观）
（示神经系统与生殖系统）

式循环，主要由背血管、心脏、腹血管、神经下血管组成。背血管位于消化管背线正中，血液从后向前流动，汇集肠和体壁的血液。心脏是连接背、腹血管的血管弧，有多对，位于砂囊和胃的两侧。腹血管位于消化管腹面，需要小心地将肠管掀起后才能观察到，腹血管有分支到体壁、肠壁和隔膜。神经下血管位于腹神经索下面，纤细不易观察，需要将腹神经索掀开用放大镜观察。神经下血管收集体壁微循环中的血液，再通过壁血管流入背血管。

（3）生殖系统　　环毛蚓雌雄同体，异体受精（图 3-5）。

1）雄性生殖器官包括精巢，精漏斗，精巢囊，贮精囊，输精管，前列腺，前列腺管和雄性生殖孔。

精巢囊：2 对，位于第 10、11 体节内，每个精巢囊中包含 1 个精巢和 1 个精漏斗，剪破精巢囊可以在立体显微镜下观察白点状的精巢和皱纹状的精漏斗。

贮精囊：2 对，位于第 11、12 体节内，大而明显。

输精管：从贮精囊后方可以看到 2 条输精管，向后和前列腺管会合，由雄性生殖孔通体外。

前列腺：1 对，位于第 17 体节，菊花状，大而明显。

2）雌性生殖器官包括卵巢（12 体节）、卵漏斗、输卵管，还包括身体前端 6/7、7/8、8/9 处的受精囊。移除消化道以后，在贮精囊后方腹神经链两侧可以观察到卵巢、卵漏斗和输卵管。受精囊由梨状坛囊和盲管组成，梨状坛囊通体外的受精囊孔。

3．横切面玻片标本的观察　　见图 3-6。

（1）体壁　　环毛蚓的体壁从外向内分为表皮、环肌和纵肌。表皮主要由单层柱状上皮细胞组成，经过生殖带处的横切，可以看到表皮层增厚形成的环带。环肌较薄，环肌收缩时环毛蚓身体变细。内层的纵肌较厚，纵肌收缩时，收缩的部分体节变粗、变短。紧贴于纵肌之内，还有扁平细胞构成的体壁体腔膜，横切片上不易区分（图 3-7）。

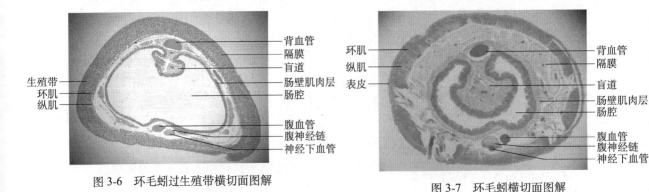

图 3-6　环毛蚓过生殖带横切面图解

图 3-7　环毛蚓横切面图解

（2）肠　　肠位于横切面的中央，肠壁由内向外分为肠单层柱状上皮、肠壁环肌和肠壁纵肌。肠壁纵肌外层还有肠壁体腔膜。肠背部正中下陷，形成盲道，增加了消化吸收的面积。

【作业与思考】

与蛔虫的结构比较，说明环毛蚓循环系统、消化系统的结构机能与真体腔形成的关系。

【拓展阅读】

广地龙的炮制与功效

广地龙，别名地龙干，是由环毛蚓、栉盲环毛蚓等炮制而得，为广东名优道地中药材之一。

1. 广地龙药用动物——环毛蚓的采集　　环毛蚓、栉盲环毛蚓等喜生于潮湿疏松的肥沃半荫蔽土壤中，如猪圈、牛舍等周围，闲散湿润肥地，林边、路边、塘边等湿润地等处。采集时间为每年清明至处暑期间。

2. 广地龙的炮制　　将所捕捉的鲜活广地龙，拌以适量草木灰，使其体上的黏液都吸附于草木灰上。将广地龙头部钉在木板上，拉直广地龙后，以小利刀纵向从头至尾剖开，刮去腹内泥土杂物，用清水洗净，摊放于竹筛上，放在阳光下曝晒至足干。所捕捉活鲜广地龙，最好当日加工，当日晒干。

3. 广地龙的药用功效

1）抗心律失常：静脉注射地龙注射液对氯仿-肾上腺素或乌头碱诱发的大鼠心律失常以及氯化钡诱发的家兔心律失常均有明显的对抗作用。

2）治疗缺血性脑卒中：预先每千克体重腹腔注射地龙注射液10g，对蒙古种沙土鼠总动脉结扎造成的缺血性脑卒中的症状具有一定的预防作用，减轻缺血性脑卒症状，如立毛、转圈和打滚等行为的发生率，并明显降低动物死亡率。

3）抗惊厥和镇静作用：抗惊厥部位在脊髓以上的中枢神经部位，小鼠每千克体重腹腔注射地龙乙醇浸出液20g，对电惊厥有对抗作用。

4）平喘：地龙的某种组分可以阻滞组胺受体，对抗组胺使气管痉挛及增加毛细血管通透性。

5）溶栓及抗凝血作用：地龙蛋白可以明显抑制实验性大鼠血栓形成，并对已形成的血栓具有溶栓作用，而凝血酶诱发的血液凝固是血管血栓形成的主要机理。由于地龙蛋白直接靶向凝血酶，可有效地防止纤维蛋白和血细胞结合形成血凝块，因此可防止各类血栓的形成及延伸。

实验四　克氏原螯虾结构解剖

克氏原螯虾（以下简称螯虾）属节肢动物门甲壳纲十足目螯虾科，原产于墨西哥北部和美国南部，1918年由美国引入日本，20世纪30年代从日本传入我国。多年来，随着人为扩散和自然繁衍的扩增，螯虾已遍布我国大江南北；可以说，螯虾已成为我国内陆水域常见物种之一。

甲壳类是节肢动物中适应水生生活的重要类群，其代表动物螯虾不仅能充分反映动物体的结构适应于其机能，反映动物体结构和机能的演变与环境的密切联系，而且能说明动物各器官系统在演变过程中的相关性及动物体的整体性。

【实验目的】

1）观察螯虾的外部特征和内部结构，理解甲壳类适应水生生活的主要特征。

2）通过解剖螯虾，学习节肢动物的一般解剖方法；进一步认识动物体结构适应其机能的特性，以及动物与环境的统一性。

扫码见本实验彩图

【实验材料与用品】

（一）仪器

放大镜。

（二）材料

解剖器具，活体雌、雄螯虾。

【实验操作与观察】

两人1组，雌、雄螯虾各1只。观察螯虾的外形和内部解剖。

（一）外形

图4-1　螯虾

螯虾身体分头胸部和腹部，头胸部粗大，1对螯足特别明显，观察活的标本时要从背面捉螯虾的头胸部才不会被夹伤。螯虾体表被以坚硬的几丁质外骨骼，颜色呈红色至深红色（图4-1）。

1. 头胸部　头胸部由头部与胸部愈合而成，头胸部的外骨骼也愈合成一块完整的头胸甲，头胸甲的近中部有一弧形横沟，称颈沟，为头部和胸部的分界线。头胸甲前部中央有剑状突起，称额剑，额剑两侧各有一个可自由转动的眼柄，其上着生复眼。在颈沟以后，头胸甲两侧部分称鳃盖，鳃盖下方为鳃腔，内有关节鳃。

头胸部腹面有 13 对附肢，从前向后分别为小触角 1 对，大触角 1 对，大颚 1 对，小颚 2 对，颚足 3 对，步足 5 对。13 对附肢的着生部位、功能、形态结构各有不同。左手固定螯虾，右手持镊子，由身体后部向前依次将虾左侧附肢摘下，并按原来顺序排列在解剖盘或硬纸片上（图 4-2）。

仔细观察这些附肢并思考：触角、大颚、小颚、颚足、步足的功能分别是什么？

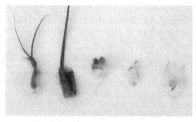

图 4-2　头胸部腹面的 13 对附肢

小触角有 2 根短须状触鞭，触角基部背面有眼柄，基部内侧丛毛中有平衡囊。大触角外肢呈片状，内肢成一细长的触鞭。大颚坚硬，形成咀嚼器，小颚薄片状。头部附肢大颚、小颚与 3 对颚足一起参与了虾口器的形成。雄虾的第 5 对步足基部内侧各有 1 个雄性生殖孔，雌虾的第 3 对步足基部内侧各有 1 个雌性生殖孔（图 4-3）。

图 4-3　雄性、雌性螯虾生殖孔

2. 腹部　　螯虾的腹部短而背腹扁，体节明显为 6 节，其后有尾节。各节的外骨骼可分为背面的背板，腹面的腹板及两侧下垂的侧板。尾节扁平，腹面正中有一纵裂缝为肛门。腹部附肢共 6 对，1 至 5 对称腹肢，第 6 对称尾肢。雄虾第 1 对腹肢变成管状交接器，第 2 对腹肢的内肢有一指状突起的雄性附肢。雌虾的第 1 对附肢退化，第 2 对腹肢细小。尾肢宽阔呈片状，尾肢与尾节构成尾扇。尾扇可改变螯虾游泳的方向，尾扇配合腹部的突然弯曲，可以使螯虾突然跃起（图 4-4）。

图 4-4　螯虾腹部

思考：螯虾的运动方式有哪 3 种？从外形上如何区分雄虾和雌虾？

（二）内部结构

1. 呼吸器官　　螯虾的呼吸器官是鳃（图 4-5）。用剪刀从头胸甲后缘向前至颈沟剪去螯虾头胸甲的右侧鳃盖，暴露出白色絮状的呼吸器官——鳃。用镊子原位分离可以看到鳃着生在颚足和步足基部，从腹面拔出右侧的第 2 颚足和第 4 步足，摘取时，用镊子钳住其基部，垂直拔下，注意观察拔下的附肢携带的鳃有几片。取一片鳃，平展在载玻片上，显微镜下观察鳃的结构，注意螯虾血液的颜色。

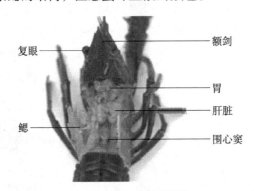

图 4-5　螯虾的呼吸器官

2. 循环系统　　用镊子自头胸甲后缘膜处仔细地剥离头胸甲与其下面的器官，再用剪刀把额剑之后的头胸甲移去，可以看到螯虾头胸部背面由围心膜包被的心脏，用镊子轻轻撕开围心膜，可以看到半透明、多角形的肌肉质心脏。用镊子轻轻把心脏提起来，可以看到与心脏相连的血管。从心脏前端发出的动脉有眼动脉、触角动脉和肝动脉，从心脏后端发出的动脉是一条腹上动脉和一条胸直动脉，腹上动脉伴行着后肠一直到达腹部末端，胸直动脉从心脏发出后弯向胸部腹面，胸直动脉极容易拉断，不易观察到。把心脏摘下来用放大镜观察，可以看到心孔，围心腔中的血液经心孔进入心脏。

思考：螯虾的循环系统是开管式还是闭管式？

3. 精巢和卵巢的观察　　观察完循环系统，摘除心脏后，即可见到虾的生殖腺——卵巢或精巢全貌。雄性螯虾有精巢 1 对，白色，呈 Y 形，由精巢发出的输精管开口在体表第 5 对步足基部内侧的雄性生殖孔。雌性螯虾有卵巢 1 对，颗粒状，也分 3 叶，呈 Y 形，其大小随发育期不同而不同，与卵巢相连的输卵管开口于第 3 对步足基部的雌生殖孔（图 4-6）。

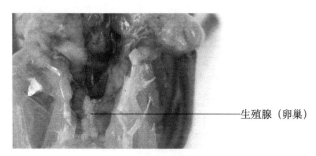

图 4-6　雌性螯虾的卵巢

4. 胃和肠的观察　　剥离开背部的头胸甲时，在心脏前端明黄色的腺体是螯虾的消化腺肝脏（图 4-5），十分抢眼醒目。摘除心脏和生殖腺后，肝脏会完全暴露出来。在肝脏的前方是半透明的胃，透过胃壁可看到胃内深色的食物。胃的下方是细管状的食道，通口器。胃的后方相连的是中肠，中肠细而短，仔细剥离肝脏后可以看到。用剪刀沿着背板和侧板的交界处从前向后剪开，剥离背板，把背部中央的肌肉分离开，可以看到穿行整个腹部的后肠，可以透过肠壁看到深黑色的食物及其残渣。

5. 触角腺　　触角腺是甲壳纲十足目螯虾、对虾等的排泄器官，生活时呈绿色，故又称绿腺，是后肾特化来的（图 4-7）。剥离胃和肝脏，在头部腹面第 2 对触角基部可以看到 1 对扁圆形腺体，即触角腺，用镊子小心地把触角腺拔出（不要用尖嘴镊子，容易夹破），放到水中，可以看到与触角腺相连的膜状膀胱。

图 4-7　触角腺

6. 神经系统　　螯虾的神经系统由食管上神经节（脑神经节）、围食管神经、食管下神经节和腹神经链组成。除食管外，将内脏器官和肌肉全部去除，再沿中线剪开胸部底壁，可以看到腹面正中的白色链状物——腹神经链。沿着食管两侧可找到 1 对白色的围食管神经，沿围食管神经向头寻找，有一块较大的白色物，为食管上神经节或脑神经节。围食管神经与腹神经链连接处为食管下神经节。

思考：除了食管上神经节和食管下神经节，腹神经链上共有多少个神经节？和螯虾的体节数有没有对应关系？

【作业与思考】

1）绘制螯虾的解剖结构导图。

2）以螯虾为例，总结甲壳类生物具有哪些适应水生生活的形态结构和生理特征？

【拓展阅读】

关于虾青素

　　螯虾随着成熟度和褪壳时间的变化，外骨骼呈现青色、红色或深红色等不同的颜色，煮熟后颜色会加深，其呈色物质是虾青素。虾青素亦称虾黄素，是一种红色的类胡萝卜素。虾青素在体内可与蛋白质结合而呈现青色和蓝色，遇热从蛋白质中分离出来而呈现红色。

　　由于结构内部的共轭不饱和双键，虾青素具有极强的抗氧化能力，可以清除二氧化氮、硫化物、二硫化物等，有效抑制自由基引起的脂质过氧化。虾青素在着色、促进动物繁殖、抑制肿瘤发生、增强人体免疫能力、保护心脑血管及中枢神经方面具有优良的生物学功能。当前，虾青素在保健品、医药、高档化妆品、食品添加剂以及水产养殖等方面具有广阔的应用前景。

　　目前，天然虾青素的生产方法主要有两大类：生物发酵法和从甲壳类动物加工下脚料中提取法。其具体的分离提纯工艺有碱提法、油脂溶出法、有机溶剂萃取法、超临界萃取法、酶解法、微波处理法等。

　　通过动物甲壳超临界萃取法提取虾青素的工艺流程：虾壳粉碎→稀酸处理→冲洗至中性→干燥→装料→超临界静态萃取→超临界循环萃取→收集→皂化→液相色谱分析纯化→包装→冷冻保藏。

　　从红法夫酵母中提取虾青素的工艺流程：红法夫酵母菌体活化→接种→发酵→离心收集菌体→烘干→破壁处理→浸提→浓缩→分析提取虾青素。

　　虾青素除利用生物提取法从藻类、细菌、酵母中获得外，也可用化学合成法生产。此外，应用 DNA 重组技术构建高产虾青素基因工程也在研究中。

实验五 鲤鱼的解剖

> 鱼类是适应水中生活的脊椎动物，具有一系列适应水生生活的形态特征和生理机能。体型流线型，有鳍可以运动，用鳃呼吸，具有侧线器官等，这些特征是在长期的演化过程中产生的适应水生生活的典型特征，深刻体现了生物体结构与功能、生物与环境相适应的自然规律。

【实验目的】

1）学习硬骨鱼的一般测量方法及硬骨鱼的解剖方法。

2）通过对鲤鱼或鲫鱼外形和内部构造的观察，理解硬骨鱼类的主要特征及适应于水生生活的形态结构特征。

扫码见本
实验彩图

【实验材料与用品】

（一）仪器

立体显微镜、解剖盘、解剖器具。

（二）材料

2 龄以上活鲤鱼（或鲫鱼）、鲤鱼骨骼标本。

【实验操作与观察】

（一）鲤鱼外形观察

把鲤鱼捞出水面，用纱布固定住鱼进行观察。鲤鱼的身体分为头、躯干和尾 3 部分，无颈部。鳃盖骨后缘为头部和躯干的分界线，肛门为躯干和尾部的分界线。头部有口、触须、鳃盖、眼睛、鼻孔（图 5-1），鳃盖后缘有膜状的鳃盖膜，覆盖着鳃孔。观察口两侧的触须有 2 对；观察鱼头两侧的鼻孔，鼻腔为盲囊，不通口腔。观察眼睛是否有可以活动的眼睑和瞬膜。躯干部被以覆瓦状排列的圆鳞，鳞外覆有一薄层表皮，由前

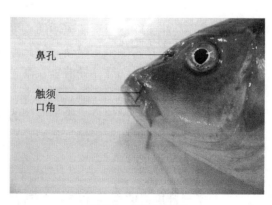

图 5-1 鲤鱼的头部

向后再由后向前抚摸鱼鳞，感受鱼皮肤单细胞腺体分泌的黏液。躯体两侧从鳃盖后缘到尾部，各有 1 条由鳞片上的小孔排列成的点线结构，此即侧线，被侧线孔穿过的鳞片称侧线鳞（图 5-2）。鳍多个，成对的有胸鳍和腹鳍，背鳍、臀鳍、尾鳍各 1 个，尾鳍正尾型。肛门紧靠臀鳍起点基部前方，紧接肛门后有 1 泄殖孔（图 5-3）。

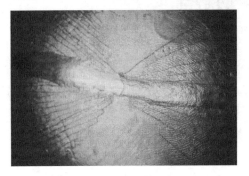

图 5-2　鲤鱼的侧线孔（10×）

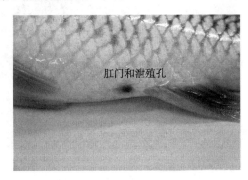

图 5-3　鲤鱼的肛门和泄殖孔

（二）硬骨鱼的一般测量和常用术语

用棍子敲击鱼的头部将其致死，或者把鱼放入 40～50℃的水中 5min 致死，进一步观察鱼的外形，测量各部分的长度（图 5-4）。

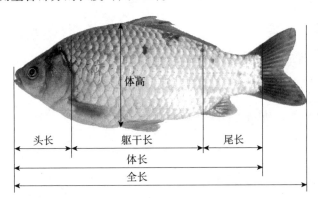

图 5-4　鲤鱼的外形与各部分长度的测量

1. 全长　　指自吻端至尾鳍末端的长度。
2. 体长　　指自吻端至尾鳍基部的长度。
3. 体高　　指躯干部最高处的垂直高。
4. 头长　　指由吻端至鳃盖骨后缘（不包括鳃盖膜）的长度。
5. 躯干长　　指由鳃盖骨后缘到肛门的长度。
6. 尾长　　指由肛门至尾鳍基部的长度。

（三）鳞片年轮的观察

大多数鲤科鱼类的鳞片年轮属切割型，即鳞片上前后相邻两年形成的环片不平行，出现切割现象，这种切割现象就是 1 个年轮。依据年轮出现的数目，可以推算鱼的年龄。

1. 摘取鳞片　　选择鱼体侧线上侧、背鳍前方的完整鳞片（图5-5），用镊子夹住鳞片的后缘拔出。

2. 清洗　　把鳞片放入温水中，用毛笔轻轻洗去污物。

3. 装片　　将鳞片正面朝上贴放在载玻片上。

4. 立体解剖镜观察　　将鳞片顶区和侧区的交接处移至视野中，可见某些彼此平行的环片轮纹被鳞片前部的环片轮纹割断，这就是1个年轮（图5-6）。如果是较大的个体，在鳞片上相应会存在数个年轮。

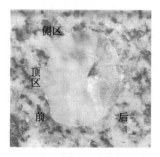

图5-5　鲤鱼鳞片

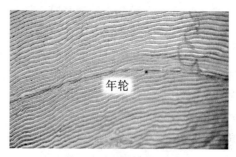

图5-6　鲤鱼鳞片的年轮

（四）内部解剖与观察

将鲤鱼左侧向上置于解剖盘中，用手术刀在肛门前与体轴垂直的方向剪一小口。用解剖剪自开口向背方剪到脊柱，沿侧线下方剪至鳃盖后缘，再沿鳃盖后缘剪至下颌，然后将左侧体壁轻轻提起，将体腔膜与体壁分开，整个过程注意不要伤及内脏器官（图5-7）。

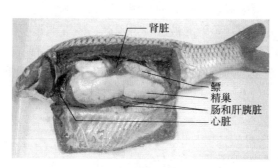

图5-7　鲤鱼的内脏

1. 循环系统　　主要观察心脏。心脏位于最后1对鳃弓腹方的围心腔内，用镊子撕开围心膜可以观察到心脏的跳动，心脏由1个心室、1个心房和静脉窦组成。心室前端有一白色壁厚的圆锥形小球体，为动脉球，自动脉球向前发出腹大动脉。心房位于心室的背侧。静脉窦暗红色，壁薄。

2. 鳔　　银白色中空的胶质囊，分前后2室，后室前端腹面有细长的鳔管，轻轻提起鳔容易观察到鳔管通入食管。

3. 生殖系统　　由生殖腺和生殖导管组成。生殖腺位于鳔的下方,雄鱼有精巢 1 对,扁长囊状,性成熟时纯白色;雌鱼有卵巢 1 对,长带状,性成熟时呈黄红色,内有许多小型卵粒。生殖导管为输精管或输卵管,与精巢或卵巢相连。左右输精管或输卵管在后端汇合后通入泄殖窦,泄殖窦以泄殖孔开口于体外。

4. 消化系统　　消化系统包括由口腔、咽、食管、肠和肛门组成的消化管及肝胰脏和胆囊等消化腺。食管很短,其背面有鳔管通入。肠分为小肠、大肠和直肠,把肠管展开,可以测量得到肠长和体长的比例关系,直肠以肛门开口于臀鳍基部前方。肝胰脏呈弥散状态,位于盘曲的肠之间。胆囊为暗绿色的椭圆形囊,大部分埋在肝胰脏内。

5. 排泄系统　　排泄系统包括肾脏、输尿管和膀胱。

肾脏位于腹腔背壁正中线两侧,红褐色,位于鳔的前、后室相接处,背面是肾脏中部,肾脏的前端体积增大,位于心脏的背方,为头肾。

输尿管从肾脏中部发出沿腹腔背壁后行,在近末端处 2 管汇合通膀胱。膀胱末端开口于泄殖窦。可以用圆头镊子分别从臀鳍前的肛门和泄殖孔插入,观察它们分别进入直肠和泄殖窦的情况。

6. 口腔与咽　　用剪刀剪开口角,除掉鳃盖,暴露出口腔和鳃。口腔由上、下颌包围而成,颌无齿,在咽部第 5 对鳃弓内侧着生咽齿。咽齿与咽背面的角质垫一起夹碎食物。

7. 鳃　　鳃是鱼类的呼吸器官。鲤鱼的鳃由鳃弓、鳃耙、鳃片组成。每个鳃弓上长着 2 个鳃片,合称一个全鳃。剪下 1 个全鳃,放在盛有少量水的培养皿内,置于立体显微镜下观察。可见每 1 鳃片由许多鳃丝组成,每 1 鳃丝两侧又有许多突起状的鳃小片,鳃小片上分布着丰富的毛细血管,是气体交换的场所。

8. 脑　　从眼眶下方使用剪刀,先后沿体长轴方向剪开头部背面骨骼,小心移去头部背面骨骼,用棉球吸去银色发亮的脑脊液,观察脑的结构。鱼脑由嗅球、大脑、中脑、小脑、延脑 5 部分组成。鱼脑的最前端是嗅球,嗅球通过嗅柄和大脑相连。大脑分左、右两半球,大脑后方是中脑,中脑受上方的小脑挤压而偏向两侧形成半月形的突起,为视叶中枢。延脑是脑的最后部分,后端逐渐变窄并和脊髓相连。小脑为表面光滑的圆球形体,位于中脑后上方。

【作业与思考】

1）记录鱼体外形测量的各项数据。

2）绘鲤鱼的内部解剖示意图,注明各器官名称。

3）试述鱼类适应于水生生活的形态结构特征。

【拓展阅读】

鲤鱼骨骼标本的制作

1. 选材和用具准备　　选取 2 年龄、新鲜的活鲤鱼。准备 0.8% NaOH 溶液(腐蚀肌肉),3% H_2O_2(漂白),汽油(脱脂),解剖用具和胶水(粘连骨骼)等。

2. 热处理　　首先，在大口径容器中（直径大于鱼的体长），保持水沸腾状态；然后，把鱼的躯干部分浸入沸水中进行漂烫；最后，把整条鱼浸入热水，约 1min 后捞出（根据鱼的大小调整漂烫时间）。

3. 剔除肌肉　　剔除肌肉的顺序是躯干部、尾部，最后是头部和鱼鳍。头部只去掉鳃盖骨外的肌肉。首先是粗剔，用镊子沿骨骼方向剔下躯干和尾部的肌肉和肌肉间小骨刺，保留脊椎和肋骨；然后是细剔，用小镊子和手术刀仔细剔除骨骼上的小块肌肉，特别细小的地方可以用牙刷在水中轻轻刷去骨骼上附着的肌肉；最后，用毛刷去除头部和鱼鳍上的皮肤，头部骨骼外的肌肉可以用镊子夹去。

4. 腐蚀肌肉　　将剔除肌肉的鱼骨骼浸入 0.8%NaOH 溶液中 12～24h，期间注意观察骨骼上残存的肌肉状态。当肌肉透明后取出，在清水中刷去残存的肌肉和皮肤。（注意：浸泡时间过长会导致连接骨的韧带融化，不能保持骨架形状，如果肌肉腐蚀的不彻底可以重复以上步骤，但浸泡时间要短。）

5. 脱脂　　脱脂前先要脱水。用 95% 和 100% 的乙醇溶液先后浸泡 2～3h，脱去标本中的水分；也可以用自然干燥的方法，将脱水后的标本浸入汽油中脱脂 1～2d，取出后再经过 100% 乙醇和 95% 乙醇复水。

6. 漂白　　用 3%H$_2$O$_2$ 浸泡标本 12～24h，标本发白时取出，用清水清洗。

7. 整形装架　　整形一方面是指鱼的骨骼标本在制作过程中有掉落的肋骨等，用万能胶水粘上；另一方面是因为标本在干燥过程中易变形，需要在背头骨上扎标本针，在鳍、脊柱上系棉线，利用标本针的固定作用和棉线的牵拉作用保持标本的自然状态。装架是指把整形干燥完毕的标本，利用细铁丝支撑起来，固定在展台上。细铁丝支撑的部位一般是头部后缘、腹鳍和尾部脊柱。最后，贴上标签注明标本的名称、制作者和制作时间。

实验六　乙醇对斑马鱼行为方式及性腺 CAT 活性的影响

斑马鱼又叫"花条鱼""蓝条鱼"，是一种性情活泼且不怕冷的热带鱼品种。斑马鱼因其养殖方便、繁殖周期短、产卵量大、胚体透明等优点成为最受重视的生物学模式生物之一。斑马鱼与人类基因相似度达到 87%，通过斑马鱼做的药物实验所得结果，在多数情况下也适用于人体。乙醇对斑马鱼行为方式和性腺过氧化氢酶（CAT）活性的影响实验结果，可以推广到人体。通过乙醇对斑马鱼行为方式的影响可以推测喝酒是否会麻痹神经、降低小脑协调性、影响人们开车等协调性运动等。

CAT 是过氧化物酶体的标志酶，酶体数量占过氧化物酶体酶总量的 2/5。它可以催化生物体中产生的 H_2O_2 分解为氧气和水，因为过氧化氢可以在铁螯合物作用下反应，从而生成有害物质-OH，因此 CAT 被称为生物防御体系和保护体系的关键酶之一。测定乙醇处理后斑马鱼性腺 CAT 活性，可以推测酒精对降低人类生殖细胞活力尤其是精细胞活力的影响。

半数致死浓度（LC_{50}），是指使一群动物在接触外源化学物质一定时间后并在一定观察期限内死亡 50% 所需的浓度，常作为衡量某种因素（如药物、毒物、细菌、理化刺激等）对实验动物毒力或效力的指标。

本实验操作路径见图 6-1。

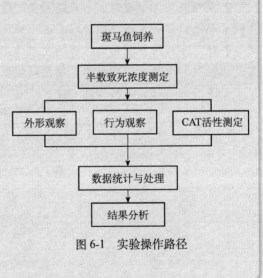

图 6-1　实验操作路径

【实验目的】

1）学习斑马鱼的养殖方法。

2）探究不同浓度的乙醇溶液对斑马鱼行为方式（体色、游速、游泳方式、呼吸速率、趋性）及性腺中 CAT 活性的影响。

【实验材料与用品】

（一）仪器

紫外分光光度计（752 型）、高速冷冻离心机、微量移液器、恒温培养箱、斑马鱼

扫码见本
实验彩图

养殖缸等用具。

（二）材料

红色斑马鱼、蓝色斑马鱼（4～5月龄）。

（三）试剂

无水乙醇、K_2HPO_4 溶液、KH_2PO_4 溶液、3% 过氧化氢溶液、聚乙烯吡咯烷酮（PVP）、CAT 活性测定试剂盒（南京建成）。

【实验操作与观察】

（一）斑马鱼的饲养

斑马鱼性情温和，对水质要求不高，采用曝晒 3d 以上的自来水进行养殖。氧气泵保证 24h 供应充足的氧气，加热器保证水温恒定于 26℃，光照周期为 14h 光：10h 暗，养殖水 pH 为 7～8。饲料选择高粗蛋白含量的小型鱼专用饲料，颗粒直径为 0.5mm，浮于水面不易下沉，可减少残余饲料产生，避免杂菌繁殖感染。选择新鲜高蛋白活鱼食（红线虫）作饲料，可以更好地促进斑马鱼性腺成熟并促进性腺发育，每天投放 1～2 次饲料，饲喂量以 3～5min 内吃完为宜。经过一段时间喂养，观察到斑马鱼雄鱼斑纹色彩异常艳丽，有追逐雌鱼游动行为，雌鱼游速减慢，体型肥硕，腹部隆起，此时斑马鱼已达性成熟。雌鱼腹部隆起时开始实验，实验前 24h 停止喂食。

（二）斑马鱼外形观察

身体呈菱形，身长 2～5cm，尾部侧扁。雌鱼体型宽，腹部大；雄鱼体型窄。鱼体背部至尾部有数条深蓝色条纹，鱼身条纹似斑马纹一般，尾鳍深叉形，各鳍呈黄色透明状，成群游动时，犹如在非洲草原上奔驰的斑马群。鱼身条纹的数目、宽窄，以及鳍的差异是区分不同品种的依据（图 6-2）。

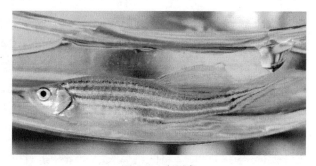

图 6-2　斑马鱼

（三）测定乙醇对 5 月龄斑马鱼的半数致死浓度

1. 测定不同乙醇浓度下斑马鱼的死亡率　乙醇浓度梯度为 0、1%、1.5%、2%、2.5%、3%，用曝气 3d 的自来水配制。在五个鱼缸中，分别加入 1000mL 乙醇溶液，放入月龄相同、重量相近且健康活泼的蓝斑马鱼雌、雄各 5 条，放入鱼盆中，室温下放置 24h，期间不进行投食。观察记录斑马鱼的存活数量并计算死亡率。

$$死亡率（\%）= \frac{实验组死亡斑马鱼数}{实验组斑马鱼总数} \times 100$$

2. 概率图解法计算半数致死浓度（LC_{50}）　　把乙醇浓度换算成对数值作为横坐标 x（查附录 1 常用对数表），把斑马鱼死亡率换算成概率单位 y 作为纵坐标（查附录 3 死亡率与概率单位转换表），将斑马鱼死亡发生的 S 形曲线直线化，然后用 Excel 绘制坐标图，得到线性回归方程。利用图中的线性方程，把 $y=5$ 带入，求出 x 的值，这个值就是半数致死浓度的对数，查附录 2 反对数表，求出最终的半数致死浓度。

（四）乙醇对斑马鱼行为方式的影响

1. 乙醇对斑马鱼体色的影响　　将两组体长、重量相近且健康活泼的蓝斑马鱼，分别放入曝气 3d 以上的自来水和用曝气 3d 以上的自来水配制的 1.5% 乙醇溶液中，2h 后观察比较斑马鱼的体色变化（图 6-3）。

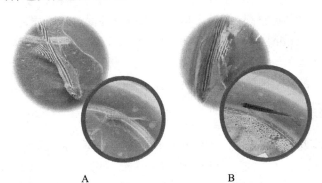

A　　　　　　　　　　　　B

图 6-3　乙醇对斑马鱼体色的影响

A. 曝气 3d 以上自来水组斑马鱼体色变化；B. 曝气 3d 以上自来水配制的 1.5% 乙醇溶液组斑马鱼体色变化

2. 乙醇对斑马鱼游速的影响　　将两组体长、重量相近且健康活泼的蓝斑马雄鱼，分别放入曝气 3d 以上的自来水和用曝气 3d 以上的自来水配制的 1.5% 乙醇溶液中，1h 后进行游速测定，所用鱼缸长度为 60cm，体积为 50L。方法是在鱼缸一侧玻璃板上放置卷尺，记录斑马鱼经过 A、B 两点的距离、所用的时间，按照下式计算游速，测量 4 次，求平均值。

$$游速（cm/s）= 单位时间斑马鱼游动的距离（cm）$$

3. 乙醇对斑马鱼呼吸速率的影响　　将两组体长、重量相近且健康活泼的蓝斑马雄鱼，分别放入曝气 3d 以上的自来水和用曝气 3d 以上的自来水配制的 1.5% 乙醇溶液中，培养 2h 后，进行呼吸速率的测定。

测定方式：以斑马鱼每分钟鳃盖开合次数计算呼吸速率，测量 4 次，求平均值。

$$呼吸速率（次/min）= 每分钟鳃部开合平均数（次）$$

4. 乙醇对斑马鱼趋性的影响　　自由运动的斑马鱼，若受到外界刺激（物理因素和化学因素），继而朝向特定方向运动，这种反应称为趋性。将两组体长、重量相近且健康活泼的蓝斑马雄鱼，分别放入曝气 3d 以上的自来水和用曝气 3d 以上的自来水配制的 1.5% 乙醇溶液中，所用鱼缸长度为 60cm，体积为 50L。1h 后进行趋性的测定。

（1）趋光性　　斑马鱼对光照刺激产生定向运动的特性。本项目晚上进行测定，将所有光源关闭后，在鱼缸的一侧，开启 100W 的白炽灯泡，观察斑马鱼的运动趋势。

（2）趋动性　　指斑马鱼将视野内的运动目标停留在视网膜的一点上，而产生的一种移动反应。将实验组与对照组的蓝斑马鱼分别与 10 条红斑马鱼放在一起，观察蓝斑马鱼的趋流和集群行为。

（3）趋音性　　斑马鱼依靠内耳、侧线对各种声音的刺激产生较为灵敏的感觉，并因此展现各种行为反应。通过在鱼缸一侧制造较为清脆的玻璃撞击声，观察斑马鱼的反应。

（4）趋化性　　利用鱼食来测定斑马鱼的趋化性。当鱼游动到鱼缸一侧时，在另一侧撒上鱼食，观察斑马鱼的反应。

（五）CAT 的提取和酶活性测定

将两组体长、重量相近且健康活泼的蓝斑马雄鱼，分别放入曝气 3d 以上的自来水和用曝气 3d 以上的自来水配制的 1.0% 乙醇溶液中，24h 后进行解剖实验。

1. 剥离生殖腺　　取一条斑马鱼，用纱布包住，左手固定使斑马鱼腹面朝上，用小号解剖剪从肛门开始向头部剪开腹部体壁，直到剪至鳃盖后缘，注意不要破坏内脏。小心剥离精巢（1 对，体积较小，左右分开，尾端合并为输精管）和卵巢（1 对，左右对称，尾端合并为一条输卵管，伸向生殖孔）。

2. CAT 粗提液制备　　将取下的精巢或卵巢称量，放入研钵中，加入预冷的 pH7.0 的磷酸缓冲液 2~3mL 进行研磨，研磨成匀浆后，转入 25mL 容量瓶中，用缓冲液清洗研钵，将清洗液一并倒入容量瓶中，定容到 25mL。将容量瓶放置在 4℃ 冰箱中静置 10~15min，4000r/min，4℃ 下低温离心 15min，取上清液，即 CAT 粗提液。

3. 酶活性测定（建议使用试剂盒）

（1）空白管处理法　　取加塞试管加入提取的粗酶液 0.2mL，加入 0.05mol/L 磷酸盐缓冲液（pH7.8）1.5mL，沸水浴 5~10min，冷却至常温后，加入 0.1mol/L 的 H_2O_2 0.3mL，紫外分光光度计 240nm 下测定吸光度值，用 pH7.8 的磷酸缓冲液调零。

（2）实验管处理方法　　取加塞试管逐管依次加入提取的粗酶液 0.2mL，加入 0.05mol/L 磷酸盐缓冲液（pH7.8）1.5mL，0.1mol/L 的 H_2O_2 溶液 0.3mL，每加完一管立即计时，迅速倒入已清洗干净的石英比色皿中，240nm 下测定吸光度值。每间隔 1min 读数一次，共测 4min，以 1min 内 A_{240} 减少 0.1 的酶量为 1 个酶活单位（U）计算酶活性。以上实验均设置 3 个重复。

4. 备注　　试剂的配制如下所示。

（1）0.05mol/L 磷酸盐缓冲液（PBS，pH 7.8）　　取 0.2mol/L 磷酸氢二钾溶液 228.75mL，0.2mol/L 磷酸二氢钾溶液 21.25mL，用蒸馏水定容至 1000mL，加入 10g PVP。

（2）0.2mol/L 磷酸盐缓冲液（pH 7.0）　　取 0.2mol/L 磷酸氢二钾溶液 61.0mL，0.2mol/L 磷酸二氢钾溶液 39.0mL，混合至 100mL，加入 1g PVP。

【作业与思考】

1）测定乙醇对斑马鱼半数致死浓度的意义是什么？

2）一定浓度的乙醇对斑马鱼行为有什么影响？

【拓展阅读】

24h 半数致死浓度计算示范

第一步：计算死亡率。

$$死亡率 = 实验组死亡小鼠数 / 实验组小鼠总数 \times 100$$

第二步：将死亡率通过查表换算为死亡概率单位（查附录 3 死亡率与概率单位转换表，如某一浓度死亡率为 10.2%，则其死亡概率单位为 3.73），可将设置的药物浓度相应的死亡概率单位求出来。

第三步：求浓度对数。例如，浓度为 1.5mg/L，则查附录 1 常用对数表得出 lg1.5=0.1761，依次可求出 24h 用过的所有浓度的浓度对数。

第四步：以浓度对数作为横坐标，概率单位作为纵坐标，用 Excel 绘制坐标图，得到线性回归方程（图 6-4）。

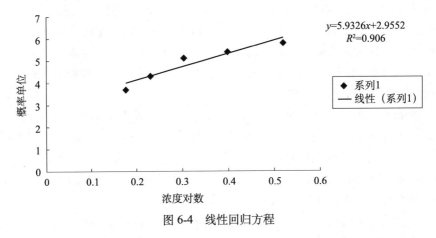

$y=5.9326x+2.9552$
$R^2=0.906$

◆ 系列1
—— 线性（系列1）

图 6-4　线性回归方程

第五步：利用图 6-4 中的线性公式，把 $y=5$ 带入，求出 x 的值，这个值就是半数致死浓度的对数，查附录 2 反对数表，即可求出 24h 最终的半数致死浓度。

斑马鱼条纹的秘密

自然世界的美，让诗人、哲学家和科学家都为之惊奇。诺贝尔奖得主 Christiane Nüsslein-Volhard 一直沉迷于动物颜色图案背后的生物学。她的研究小组利用斑马鱼作为模式生物，研究动物体色发育的遗传学基础。"斑马鱼"得名于体表醒目的蓝黄色相间条纹图案。在斑马鱼幼鱼皮肤生长过程中，有三种主要的色素细胞类型——黑色细胞、反光银色细胞和黄色细胞出现，它们多层镶嵌，构成特征性的颜色图案。

研究人员通过荧光标记这些色素细胞，每天都对携带荧光标记色素细胞前体的幼鱼进行成像，持续三周的时间，来绘制出细胞行为，这使科学家们能够跟踪单个细胞及其子代在活体生长动物条纹图案形成过程中的迁移和扩散。分析表明，这三种类型的细胞通过完全不同的方式到达皮肤：位于胚胎背部的一组多能细胞产生幼鱼黄色素细胞，当幼鱼两到三周的时候，这些细胞首先分裂，覆盖在幼鱼背部。黑色素细胞和银色素细胞来自于一小部分神经节相关的干细胞，靠近每个节段中的脊髓。黑色素细胞沿着节段神经迁移到皮肤，出现在条纹区域，而银色素细胞则穿过分节肌肉组织的纵向裂，在皮肤中进行分裂和迁移。

另一个惊人的发现是，银色素细胞和黄色素细胞都能根据它们的位置，转变细胞形状和颜色。黄色素细胞紧密地覆盖在银色素细胞上形成亮色条纹，在条纹的黑色素细胞上呈现松散的星状分布。银色素细胞稀疏覆盖的条纹区域呈现蓝色，密集处再次转换形状，形成一种新的亮色条纹。亮色条纹中银色素细胞和黄色素细胞密集形式的精确叠加，以及条纹中黑色素细胞上松散的银色素细胞和黄色素细胞叠加，可引起图案的金色和蓝色着色之间的鲜明对比。

实验七　家鸽（家鸡）的外形和内部解剖

> "海阔凭鱼跃，天高任鸟飞。"鸟类是高度适应飞行生活的动物类群，从外部形态到内部结构，都与飞翔巧妙适应。鸟类体表覆盖着整齐有序的羽毛，形成流线型的轮廓，有利于在飞行时减少空气阻力。前肢特化为翼，骨坚而轻，为气质骨而且多愈合。鸟的胸肌非常发达，一端附着在龙骨突上，保证了前肢扇动时的动力。鸟类有独特的"双重呼吸"系统，海绵状肺连有9个薄壁的气囊，因此在飞行时不论呼气还是吸气都能进行气体交换，保证了在飞行时的氧气供应。鸟类各器官构造和机能都趋向于减轻体重，增强飞翔能力，使鸟类能克服地球引力而展翅高飞。

【实验目的】

1）通过对家鸽（或家鸡）外形、骨骼及解剖结构的观察，认识鸟类各系统的基本结构及其适应于飞翔生活的主要特征。

扫码见本实验彩图

2）掌握鸟类的解剖技术。

【实验材料与用品】

家鸽（家鸡）骨骼标本，活的家鸽（家鸡），解剖盘，解剖工具（解剖剪、解剖刀、镊子、骨钳），脱脂棉，线绳。

【实验操作与观察】

（一）外形观察

家鸽全身被羽（喙和后肢跗跖部除外），羽分为正羽、绒羽和毛羽。正羽使家鸽形成流线型体型，着生于翼上的正羽为飞羽（图7-1），对飞翔起着决定性的作用。取一根飞羽观察羽根、羽轴和羽枝，并在显微镜下观察羽枝之间的羽小枝是如何相互勾连的。正羽的下方有绒羽，绒羽羽柄短，羽小枝蓬松柔软且不相互勾连。毛羽羽干细长，顶端有一束羽枝，有感觉气流的作用。通过观察比较三种羽的结构和功能。

家鸽身体分为头、颈、躯干、尾和附肢。头部有角质喙，喙的形状与食性关系密切。喙基部两侧各有1个外鼻孔，眼有

图7-1　家鸽的飞羽

眼睑和瞬膜，眼后有被羽毛遮盖的外耳孔。颈长而灵活。躯干坚实，前肢特化为翼，后肢强壮，4趾。

（二）内部解剖

1. 处死　　在实验前20～30min，将家鸽（或家鸡）放入装有乙醚的钟形罩中，使其麻醉致死，或者将头部浸入水中使之窒息而死。

2. 剥离皮肤　　用水打湿鸽子腹侧羽毛，然后拔掉。注意在鸽子腹部没有羽毛分布的区域为裸区，裸区的存在对鸽子的飞翔有何意义？在拔颈部羽毛时要特别小心，要顺着羽的方向拔。用解剖刀沿着龙骨突起切开皮肤。切口前至嘴基，后至泄殖腔。用解剖刀钝端分离皮肤并把皮肤外翻，可以观察到气管、食管、嗉囊和胸肌（图7-2）。

沿着龙骨的两侧及叉骨的边缘，小心切开胸大肌。胸大肌下面的肌肉是胸小肌。用同样方法把胸小肌切开，用手分别牵动胸大肌和胸小肌的龙骨端，观察翼的位置变化，思考这些肌肉的机能；然后沿着胸骨与肋骨相连的地方用骨剪剪断肋骨，将乌喙骨与叉骨联结处用骨剪剪断。

3. 暴露内脏　　将胸骨与乌喙骨等一同揭去，即可看到内脏的自然位置。揭去胸骨与乌喙骨时注意不要牵动心脏（图7-3）。

图7-2　家鸽的胸大肌和胸小肌

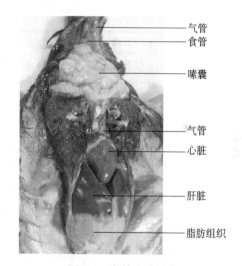

气管
食管
嗉囊
气管
心脏
肝脏
脂肪组织

图7-3　家鸽内脏原位

（1）消化系统　　消化系统包括消化管和消化腺。消化管包括口腔、食管、胃、十二指肠、小肠和大肠。消化腺有肝脏和胰脏。

1）口腔：剪开口角，可以观察到角质喙着生在上、下颌边缘，无齿，舌三角形，舌的后部为喉门。在口腔顶部有两个纵向的黏膜褶襞，中间有内鼻孔。

2）食管：食管位于气管后面，食管在颈的基部膨大成嗉囊。嗉囊可贮存食物，并可部分地软化食物。

3）胃：胃由腺胃和肌胃组成。腺胃上端与嗉囊相连，腺胃内壁上有丰富的消化腺。腺胃之后为肌胃，肌胃为一扁圆形的肌肉囊，又称砂囊。肌胃胃壁厚硬，内壁覆有硬角质膜，呈黄绿色。肌胃内藏砂粒，用以磨碎食物（图7-4）。

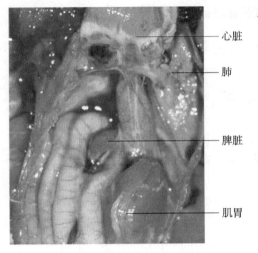

心脏

肺

脾脏

肌胃

图 7-4 家鸽心脏、肺和肌胃

4）十二指肠：从腺胃和肌胃交界处发出，呈 U 形弯曲，在此弯曲处有胰腺着生。

5）小肠：小肠包括空肠和回肠，但是空肠和回肠界限不清。小肠细长，盘曲于腹腔内。

6）大肠（直肠）：鸟的大肠短而直，末端开口于泄殖腔。大肠与小肠交界处，有 1 对豆状的盲肠。鸟类大肠较短，不能贮存粪便，有利于减轻体重。

7）肝脏分为左、右两叶，无胆囊，肝脏分泌的消化液直接由 2 支肝管注入十二指肠。胰脏位于十二指肠弯曲内，为淡红色腺体。

（2）呼吸系统

1）外鼻孔：开口上喙基部蜡膜下方。

2）内鼻孔：位于口腔顶部的纵向褶襞内。

3）喉：位于舌根之后，中央的纵裂为喉门。

4）气管：以完整的软骨环支持。在左、右气管分叉处有一较膨大的鸣管，为发声器官。

5）肺：分为左、右 2 叶。位于胸腔背方，为实心海绵状器官。

6）气囊：与肺连接的膜状囊，分布于颈、胸、腹和骨骼的内部。利用一根移液管向鸽子的肺部充气，可以观察到充气鼓起的气囊；向肺部灌注有颜色的水，也可以观察到气囊。

（3）循环系统

1）心脏：用镊子拉起心包膜，然后以小剪刀纵向剪开，可见心脏被脂肪带分隔成前后两部分，前面褐红色的扩大部分为心房，后面为心室。

2）动脉：把心包膜和脂肪等结缔组织清理干净，可以看到两条较大的血管，即无名动脉。无名动脉由右体动脉弓发出，右体动脉弓绕到心脏背面，沿着脊柱后行成为背大动脉。无名动脉发出的分支有颈动脉、锁骨下动脉和胸动脉，分别进入颈部、前肢和胸部。

3）静脉：在左、右心房的前方可见到前大静脉。将心脏翻向前方，可见 1 条粗大的血管通至右心房，这是后大静脉。前大静脉为一对，后大静脉为一条，均通右心房。

（4）排泄系统

1）肾脏：左、右各一，贴近于体腔背壁。肾脏的前端有肾上腺。

2）输尿管：沿体腔腹面下行，通入泄殖腔。鸟类不具膀胱。

3）泄殖腔：泄殖腔开口较多，分别通输尿管、输精管（或者输卵管）、直肠和肛道。剪开泄殖腔，观察以上开口。

（5）生殖系统

1）雄性：睾丸 1 对，白色。从睾丸伸出输精管，与输尿管平行进入泄殖腔。

2）雌性：右侧卵巢退化；左侧卵巢发育完整，有发达的输卵管。输卵管前端借喇叭口通体腔，末端开口于泄殖腔（图 7-5）。

（6）神经系统　　完成家鸽的内部解剖实验之后，用剪刀拔除头部皮肤和肌肉，用镊子从枕骨大孔处向前以及两侧把头骨逐片剥离，暴露脑部组织即可观察（图7-6）。大脑分为左、右半球，体积大，表面光滑无褶皱。大脑前端有1对嗅叶。大脑后方有小脑，小脑表面有平行的横纹沟称蚓部，蚓部两侧的突起为小脑卷。小脑之后为中脑、延脑，通脊髓。把左、右大脑半球分开，下方的圆形隆起为间脑。

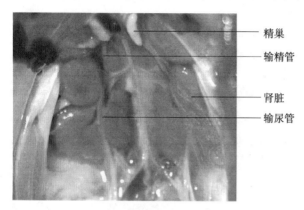

图7-5　家鸽泄殖系统

精巢
输精管
肾脏
输尿管

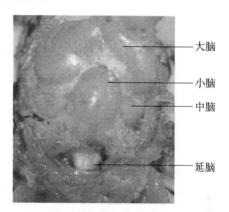

图7-6　家鸽大脑和小脑背面观

大脑
小脑
中脑
延脑

（三）家鸽骨骼标本观察

1. 脊柱　　脊柱分为颈椎、胸椎、腰椎、荐椎和尾椎。家鸽颈椎14枚（家鸡为16～17枚），第1、2颈椎特化，其他颈椎椎体之间的关节面为马鞍形。胸椎5个，每一胸椎与1对肋骨相关节。胸椎（1个）、腰椎（5～6个）、荐椎（2个）、尾椎（5个）愈合成综荐骨，在综荐骨的后方有6个比较分离的尾椎骨。最后边的4个尾椎骨愈合成尾综骨。

2. 头骨　　鸟类头部的骨骼多由薄而轻的骨片组成，头骨愈合。头骨两侧中央有大而深的眼眶，头骨后方腹面有枕骨大孔。

3. 胸骨　　胸骨为躯干部前方正中宽阔的骨片，左、右两缘与肋骨联结，腹中央有1个纵行的龙骨突起。

4. 肩带　　肩带由肩胛骨、乌喙骨及锁骨组成。肩胛骨细长，位于胸廓背方，与脊柱平行。乌喙骨粗壮，在肩胛骨腹方，与胸骨连接。左、右锁骨在腹端愈合成1个V形的叉骨，叉骨为鸟类特有。

5. 前肢　　前肢包括肱骨、尺骨、桡骨、腕骨等，注意腕掌骨愈合以及指骨退化的特点。

6. 腰带　　腰带由髂骨、耻骨、坐骨愈合而成，为开放型骨盆。

7. 后肢　　注意胫骨与跗骨合并成胫跗骨，跗骨与跖骨合并成跗跖骨。两骨间的关节为跗间关节。注意趾骨的排列情况。

【作业与思考】

1）总结鸟类适应飞翔生活的结构特点。

2）拍摄家鸽的内部解剖图，并做出标注。

实验八 小鼠高尿酸模型制作系列实验

模式动物是指用各种方法把需要研究的生理或病理活动相对稳定地展示出来的标准化实验动物。秀丽线虫、斑马鱼、果蝇、大鼠、小鼠是最常用的模式动物。其中，使用最广泛的模式动物是小鼠，这主要取决于四个方面：小鼠的基因组计划已基本完成；小鼠基因组和人类基因组98%同源，生理生化和发育过程与人类相似；小鼠的基因改造技术成熟；小鼠繁殖能力强，性成熟早，体型小巧且易于管理，用于实验更加方便快捷。

【实验目的】

1）了解小鼠的嘌呤代谢途径。

2）学习小鼠高尿酸模型的制作方法。

3）掌握哺乳动物的一般解剖方法。

扫码见本
实验彩图

【实验材料与用品】

（一）仪器

普通光学显微镜、天平、紫外分光光度计、解剖器具。

（二）材料

无特定病原体（specific pathogen free, SPF）昆明小鼠、灭菌毛细吸管、灭菌注射器（1mL）和灌胃针头、载玻片、盖玻片、棉花、羧甲基纤维素钠（CMC-Na）、酵母、腺嘌呤、肝素。

（三）试剂

尿酸测定试剂盒。

【实验操作与观察】

（一）高尿酸小鼠造模

选取体重为18～22g的SPF雄性昆明种小鼠，适应性喂养结束后，将小鼠分为正常对照组（$n=10$）和造模组（$n=10$），并按以下方法进行造模。

1. 正常对照组　　给予0.5%CMC-Na，按每千克体重5mL灌胃；也可以把CMC-Na（每千克体重100mg）添加到小鼠饲料中，由小鼠采食。

2.造模组　　给予酵母＋小剂量腺嘌呤（每千克体重 100mg），溶剂为 0.5%CMC-Na，按每千克体重10mL灌胃造模；也可以把酵母＋小剂量腺嘌呤（每千克体重 100mg）添加到小鼠饲料中，由小鼠采食，第 13 天灌胃后停止喂食。连续造模 14d，最后一次灌胃 2h 后称重并眼眶采血，用尿酸测定试剂盒测定小鼠尿酸值（按照试剂盒说明书操作）。

（二）灌胃操作

1）右手拖鼠尾，左手从背部抓住小鼠，食指放在小鼠左耳后面，拇指放在右耳上，两手指捏紧此两处的皮肤，使小鼠的头颈和身体呈一条直线（图 8-1）。

2）用 1mL 的注射器配备 10 号或 12 号灌胃针头，灌胃针头从小鼠的嘴角进入，压住舌头，抵住上颚，轻轻向内推进，进入食管后会有一个刺空感，此时就可以推注药液了。如果在推进的过程中小鼠反应剧烈，说明灌胃针可能推到气管里了，要迅速把灌胃针抽回，重新

图 8-1　抓取小鼠方式

推进。灌胃容量一般是每 10g 体重 0.1～0.2mL，最大不超过 0.4mL。

（三）采血

1）左手从背部抓住小鼠，食指和拇指捏紧小鼠耳后皮肤，并使小鼠的头向左扭转，右眼朝上。由于颈部扭转，颈静脉血流不畅，小鼠眼眶内血管丛充血，眼睛突出。

2）右手用浸过肝素的毛细吸管从小鼠右眼眼眶内侧轻轻插入眼角眼球下面，轻轻旋转吸管并沿鼻侧眼眶壁推进以切入血管丛，当感到血管壁被刺破时即可。

3）刺破血管壁后，将毛细吸管抽回约 1mm，会观察到血液流入吸管。如果没有血液流出，检查小白鼠颈部是否正确扭转，重复以上操作。

4）吸管中血液液面不再上升时，拔出吸管，同时立即放松小鼠，使其血液流动恢复正常、停止出血。

5）将毛细吸管伸入 1.5mL 离心管，挤压毛细吸管的橡皮头，将血液排入离心管中备用。

（四）结果与数据

小鼠连续造模 14d，测量结果记录如表 8-1 所示。

表 8-1　酵母＋腺嘌呤对小鼠体重与尿酸值的影响

组别	原始体重（g）	终体重（g）	原始尿酸（g）	造模尿酸（g）
对照组				
造模组				

图8-2　颈椎脱臼法处死

（五）内部解剖与观察

1.颈椎脱臼法处死　　颈椎脱臼法是大、小鼠最常用的处死方法。用一只手的拇指和食指用力往下按住鼠头或者用长镊子固定住鼠头，另一只手抓住鼠尾，用力稍向后上方一拉，使之颈椎脱臼，造成脊髓与脑髓断离，动物立即死亡（图8-2）。

2.解剖　　颈椎脱臼法处死小鼠后，将其腹面向上固定于蜡盘中；用棉球蘸水擦湿腹中线上的毛（图8-3），然后用镊子在外生殖器稍前处提起皮肤，沿腹中线向前剪开皮肤，直至下颌底；再从四肢内侧横向剪开皮肤；分离肌肉和皮肤，将皮肤展开并用大头针固定（图8-4）。沿腹中线剪开腹壁，沿胸骨两侧剪断肋骨，除去胸骨，将肌肉向两侧展开并用大头针固定，沿边缘剪开横膈膜及第1肋骨和下颌之间的肌肉，原位观察胸腔和腹腔内各器官的位置（图8-5、图8-6）。

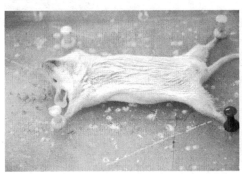

图8-3　腹面向上固定小鼠

图8-4　展开皮肤

图8-5　去除胸骨

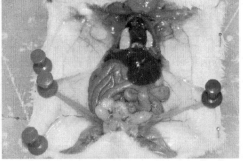

图8-6　展开腹部肌肉

3.消化系统

（1）口腔　　沿口角剪开颊部及下颌骨与头骨的关节，打开口腔（图8-7）。观察肌肉质舌，门齿4枚，臼齿12枚，齿式为1，0·0·3/1·0·0·3=16。

（2）食管和胃　　将肝脏掀至右边，可以观察到胃，胃可分为贲门部和幽门部。食管位于气管背面，与胃小弯处相接。

（3）肠　　肠分为小肠和大肠（图8-8）。小肠长约50cm，分为十二指肠、空肠和回肠，回肠末端与大肠和盲肠连接；大肠分为结肠和直肠，直肠进入盆腔，开口于肛门。

（4）消化腺　　在膈下可见肝脏；在十二指肠附近有粉红色的胰脏。

图8-7　小鼠口腔　　　　　　　　图8-8　小鼠展开的小肠和大肠

4.呼吸系统　　在颈部可以看到由软骨和软骨间膜构成的气管，气管进入胸腔后分为2支，分别通入两肺。左、右肺分别位于胸腔两侧，海绵状。

5.循环系统　　撕开围心膜可以见到略呈倒圆锥形的心脏，心尖偏左，摘下心脏清洗后切开，观察心脏的四个腔（左心房、右心房、左心室、右心室）。

6.泌殖系统

（1）排泄器官　　将肠拨到一侧，可见在腹腔背壁左、右两侧各有1豆形的肾脏，肾脏上方有肾上腺。由各肾内缘凹陷处发出输尿管，通入膀胱，膀胱开口于尿道。雌性尿道开口于阴道前庭；雄性尿道通入阴茎，开口于体外，兼有输精功能。

（2）雄性生殖器官　　睾丸（精巢）各1对，椭圆形，成熟后坠入阴囊。附睾1对，可分为附睾头、附睾体和附睾尾，头部紧附于睾丸上部，体部沿睾丸的一侧下行，尾部与输精管相接（图8-9）。

（3）雌性生殖器官　　在腹腔背壁两侧肾脏后方各有1个卵巢，近似蚕豆形。输卵管1对，包围着卵巢。输卵管后端膨大成子宫。阴道前部与子宫相连，后部开口于体外。

注意：从外形区别幼鼠的性别主要从外生殖器与肛门的距离判定，近者为雌，远者为雄。另外，雌鼠肛门与生殖器之间有一无毛小沟（图8-10），雄鼠此处长毛。

（4）精子的观察　　取小鼠的附睾组织放入盛有生理盐水的小烧杯中，剪碎，用吸管吸取1滴组织悬液于载玻片上，轻轻盖上盖玻片，置于低倍镜下观察，可见精子的头部呈镰刀形，尾部呈细丝状。

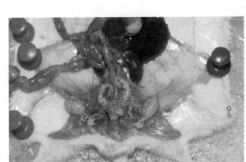
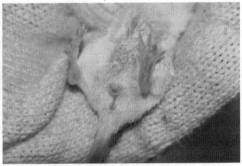

图 8-9　雄性生殖系统　　　　　图 8-10　雌鼠外生殖器

【作业与思考】

根据解剖观察结果，小鼠有哪些形态结构表现出哺乳类动物的进步性特征？

【拓展阅读】

食物中嘌呤的吸收与代谢

高嘌呤饮食是高尿酸血症的危险因素之一。嘌呤是尿酸生成的前体物质，主要包括腺嘌呤、鸟嘌呤、次黄嘌呤和黄嘌呤 4 种。人体内 20% 的嘌呤源于日常食物，这些嘌呤通常都会转化成尿酸，从而影响人体血液中的尿酸值。分析图 8-11，了解食物中的嘌呤到底是如何被分解、吸收、转化成尿酸的。

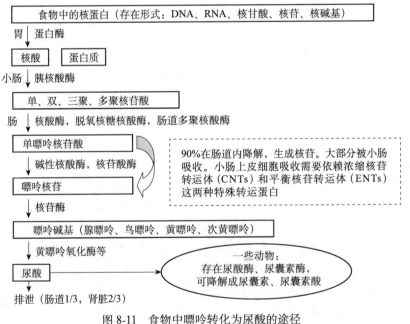

图 8-11　食物中嘌呤转化为尿酸的途径

实验九　植物细胞的基本结构

细胞是生物形态结构和生命活动的基本单位。在进化过程中，植物细胞形成了特有的结构，具有细胞壁、质体和液泡。在光学显微镜下可以观察到植物细胞的细胞壁、细胞质、细胞核、质体和液泡。运用特殊的染色方法或使用相差显微镜可以观察到线粒体。利用电子显微镜除可观察到上述结构外，还可以观察到质膜、内质网、高尔基体、核糖体等超微结构。在新陈代谢旺盛的细胞中可以观察到细胞原生质运动。

【实验目的】

1）熟练使用光学显微镜，在光学显微镜下认识植物细胞的主要组成部分，掌握植物细胞的基本结构。

2）了解植物细胞内质体及后含物的种类和形态特征。

3）观察胞间连丝结构，建立细胞间相互联系的观点。

4）学习临时装片法及生物绘图。

扫码见本
实验彩图

【实验材料与用品】

（一）仪器

普通光学显微镜。

（二）材料

洋葱鳞茎、番茄果实、胡萝卜根、菠菜、白菜、红辣椒、马铃薯、柿胚乳永久封片、擦镜纸、镊子、载玻片、盖玻片、刀片、培养皿、吸水纸。

（三）试剂

蒸馏水、I_2-KI 溶液（稀浓度、高浓度）等。

【实验操作与观察】

（一）洋葱鳞叶表皮细胞的结构

1. 洋葱鳞叶表皮细胞临时装片　　取新鲜鳞叶的内表皮约 2mm×2mm 制作临时装片。制片时，用刀片切鳞叶呈 2mm 宽条状，然后切成 2mm×2mm 正方形状，用镊子撕取中间方形一小片透明的、薄膜状的内表皮，迅速转移至已准备好的载玻片上的一滴水中，将其展平，盖上盖玻片，制成临时装片，然后放在显微镜镜台上观察（图 9-1）。

2. 植物细胞结构的观察　　低倍镜下观察洋葱叶表皮细胞及其表皮细胞的排列方式；然后转入高倍镜，观察细胞壁、细胞质、液泡、细胞核。

3. 染色观察　　将 I_2-KI 染液滴在盖玻片的一侧，在另一侧用吸水纸将染料吸入后，待表皮材料呈淡黄色时，观察细胞核及核仁（图 9-2）。

注意：细胞核形状和在细胞中的位置；细胞核中核仁数量；液泡与细胞质之间的界限。

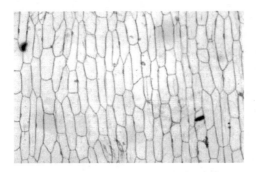 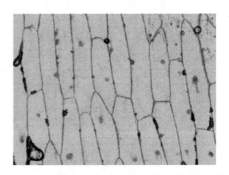

图 9-1　洋葱鳞叶内表皮细胞（未染色）　　　图 9-2　洋葱鳞叶内表皮细胞（碘液染色）

（二）质体

1. 叶绿体观察　　取新鲜菠菜叶，撕去下表皮，用刀片轻轻刮取叶肉部分，将刀片刮取的叶肉涂至已准备好的载玻片上的一滴水中，混匀，盖上盖玻片，制成临时装片，然后放在显微镜镜台上观察叶绿体的形态（图 9-3）。

2. 有色体观察　　有色体具有各种色素，主要是胡萝卜素或类胡萝卜素呈现出来的颜色。有色体的形状也有多种多样，有圆形、纺锤形、裂片形或晶状体等。用牙签刮取番茄（红辣椒）近果皮处的果肉，制成临时装片，在显微镜下可观察到大型薄壁细胞内有色体呈块状、条状或不定形，呈橙红色。取胡萝卜根做横切徒手切片，制成临时装片，显微镜下临时装片可看到细胞内具有橙红色的结晶状的有色体（图 9-4）。

注意：比较番茄、红辣椒和胡萝卜有色体的形状。

3. 白色体观察　　白色体是植物细胞中不含任何色素的最小质体，一般呈颗粒状，多存在于植物体的幼嫩细胞（如分生组织细胞或幼胚细胞中）或不见光的细胞中，但在许多单子叶植物的见光部分也能看到白色体。选取洋葱鳞叶或白菜的菜心内表皮，用清水制成临时装片，显微镜下均可见到微小的呈透明颗粒状的白色体分布在细胞质中或聚

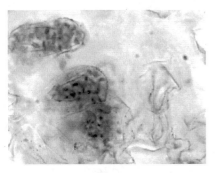 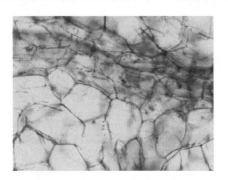

图 9-3　菠菜叶肉细胞示叶绿体　　　　图 9-4　胡萝卜根有色体

集在细胞核的周围。如用碘液染色细胞核呈深黄色，则白色体呈黄色（图9-5）。

（三）植物细胞的胞间连丝观察

取柿胚乳永久封片观察，高倍镜下可见细胞呈多边形，初生细胞壁很厚，细胞内原生质体呈圆形，往往被染成深色或制片时已丢失变成空腔。调节细调焦螺旋注意观察许多穿过细胞壁的细丝，即胞间连丝，由细胞腔向外辐射状排列，并与相邻细胞的细丝相连（图9-6）。

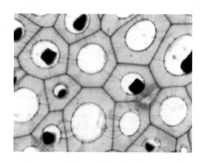

图9-5　洋葱鳞叶内表皮白色体　　　　图9-6　柿胚乳细胞的胞间连丝

（四）后含物——马铃薯淀粉粒

取马铃薯块茎用刀片轻刮取块茎，用汁液制成水封片，显微镜下见大小不等的卵圆形或椭圆形颗粒，即淀粉。高倍镜下观察脐点和轮纹，区分单粒淀粉粒、复粒淀粉粒和半复粒淀粉粒（图9-7、图9-8），也可在临时装片一侧滴加 I_2-KI 溶液（稀浓度）染色，观察淀粉粒有何反应？为什么？

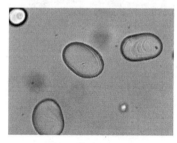
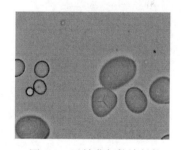

图9-7　马铃薯单粒及半复粒淀粉粒　　　图9-8　马铃薯复粒淀粉粒

【实验报告】

1）绘洋葱鳞叶内表皮细胞，并注明各部分名称。

2）绘3～4个相邻柿胚乳胞间连丝图，并注明各部分的细胞结构名称。

3）绘马铃薯的各类型淀粉粒。

【作业与思考】

植物的叶、花、果实等器官有较鲜艳的颜色，决定这些颜色的因子可以是质体中的色素或液泡中的花青素等。请思考紫色洋葱鳞叶外表皮细胞显紫色与番茄、辣椒和胡萝卜显红色和橙色的原因。

【拓展阅读】

叶黄素与有色体

　　叶黄素 (lutein) 又名"植物黄体素"，是一种广泛存在于蔬菜、花卉、水果与某些藻类生物中的天然色素。叶黄素具有良好的预防人体衰老、老年性黄斑区病变、白内障、抗癌、调节人体免疫能力、预防心血管疾病等功效，具有"植物黄金"的美称。早在 1995 年，美国食品药品监督管理局（FDA）即已批准叶黄素作为食品补充剂用于食品饮料。

　　叶黄素是脂溶性的花色素，通常以结晶或者沉淀的状态存在于细胞有色质体中（图 9-9）。万寿菊舌状花瓣是提取叶黄素的优质原料（图 9-10）。万寿菊花瓣发育初期为白绿色，此时花瓣含有叶绿素和类胡萝卜素，这个时期的特点是花瓣有叶绿体存在。随着花瓣的生长，叶绿体逐渐解体，叶绿体基质出现质体小球，类胡萝卜素在这些小球中积累。舌状花瓣完全呈现橘黄色时，几乎所有的叶绿体转化为有色质体小球，类胡萝卜素在这些有色体中沉着，其中叶黄素的比例占到了类胡萝卜素的88%。万寿菊舌状花瓣橘黄色加深的过程，是叶黄素累积的过程，也是叶绿体向有色体转化的过程。

图 9-9　叶黄素晶体　　　　　　　　　　图 9-10　万寿菊

实验十　植物组织

种子植物的组织结构按照其发育特点，可分为两大类，即分生组织和成熟组织。分生组织细胞在植物的一生中始终具有分裂能力，一方面增加新细胞到植物体中，另一方面使自己生存下去。成熟组织是由分生组织分裂的一些细胞在后来的生长发育过程中，陆续分化而失去分裂能力所形成的有特定功能的细胞。按成熟组织的功能又可以分成保护组织、薄壁组织、输导组织、机械组织和分泌组织。在不同种植物、植物体不同的器官和植物发育的不同阶段，组织结构有所不同。

【实验目的】

1）掌握植物各种组织的形态结构、细胞特征及其在植物体内的分布。

2）了解植物各类组织间的相互关系，并理解组织与功能的统一关系。

扫码见本
实验彩图

【实验材料与用品】

（一）仪器

普通光学显微镜。

（二）材料

洋葱根尖纵切永久封片、美人蕉叶柄、南瓜茎横切永久封片、梨果肉石细胞永久装片、芹菜叶柄、橘皮、松叶横切面永久封片、擦镜纸、载玻片、盖玻片、镊子、刀片、培养皿、吸水纸、纱布、滴管、蒸馏水。

【实验操作与观察】

（一）分生组织

取洋葱根尖纵切永久封片，先在低倍镜下找到根尖的先端，区分根冠、分生区、伸长区和成熟区，比较各区细胞的大小、形状、是否有细胞核、细胞核大小、细胞质染色的深浅、液泡大小及数量、细胞间隙等；并在分生区找出处于分裂间期、前期、中期、后期和末期的细胞，比较染色体的变化（图 10-1）。

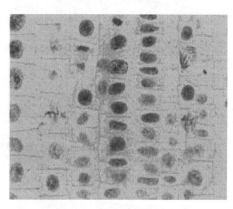

图 10-1　有丝分裂间期、前期、中期、后期和末期

（二）薄壁组织

薄壁组织广泛存在于植物体中，其共同结构特点是细胞体积大，近圆形，细胞壁薄，液泡大，细胞间隙发达，具有同化、吸收、贮藏和通气等功能。用徒手切片法制作临时装片，观察美人蕉叶柄通气组织（图 10-2、图 10-3）。

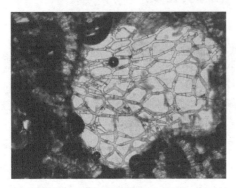 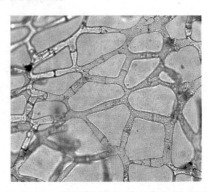

图 10-2 美人蕉叶柄通气组织　　　　图 10-3 美人蕉叶柄通气组织细胞形态

（三）机械组织

1. 厚角组织　　取芹菜叶柄，制作徒手横切片，用蒸馏水封片观察，在芹菜叶柄外围突起的棱处往往有发达的角组织。仔细观察厚角组织的细胞特征和分布位置（图 10-4）。用间苯三酚液染色后有何变化？为什么？

2. 厚壁组织　　南瓜茎横切永久封片中，可以看到有 2～3 层细胞壁均匀增厚的多边形细胞，紧密排列成一圈，这就是厚壁组织（图 10-5）。它们的细胞腔内无原生质体，细胞壁强烈木质化，用间苯三酚液染色，细胞壁被染成红色，为什么？

梨果肉石细胞永久装片：置于显微镜下观察，可看到一些细胞壁增厚、细胞腔小的等径或长方形细胞，即石细胞。仔细观察其形态特征，注意纹孔有何特点？用间苯三酚液染色后，石细胞的颜色呈红色。

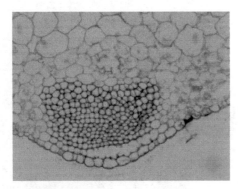 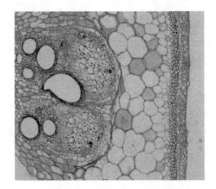

图 10-4 芹菜叶柄厚角组织　　　　　图 10-5 南瓜茎厚壁组织

（四）输导组织

取南瓜茎横切永久封片，可以看到南瓜茎有 10 个维管束，每个维管束包埋在大的薄壁细胞群中，它的外侧和内侧为韧皮部，中间为木质部（图10-6）。木质部被间苯三酚液染成红色，而韧皮部则为无色。移动载玻片，在木质部内呈红色的厚壁细胞为导管。注意导管内有无原生质体？与邻近的木薄壁细胞有无区别？移动载玻片，在韧皮部内，一些大型的六边形细胞为筛管，用高倍镜观察，可以看到有的筛管中有明显的筛板（图10-7），显示出多孔的结构，即筛孔。在筛管的一侧可找到小型四边形或三角形的细胞，即为伴胞（注意观察筛管、伴胞和筛孔）。

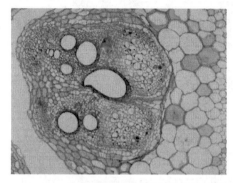 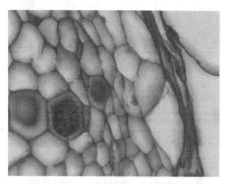

图10-6 南瓜茎横切示维管束（双韧型）　　图10-7 南瓜茎——筛板

南瓜茎的纵切片，经间苯三酚液染色后，木质部可见红色的环纹、螺纹及网纹导管，口径依次增大，尤其是网纹导管呈扁鼓状（图10-8）；在韧皮部，可以找到筛管，仔细观察筛板的结构（注意观察导管分子与筛管分子，图10-9）。

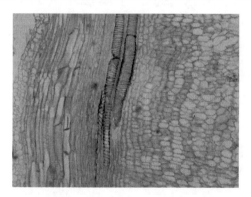 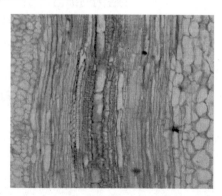

图10-8 环纹、螺纹、网纹的导管　　图10-9 筛管及筛板、不同纹导管、管胞

（五）分泌组织

1. 分泌腔　　橘皮上透明的小点就是分泌腔所在，最初它们是一群分泌细胞，内含分泌物质，在发育过程中分泌物逐渐增多，促使细胞形成囊状小腔，分泌物存于囊中，形成了分泌腔（图10-10）。取橘皮制作徒手切片，在显微镜下仔细观察其结构特点；也可用苏丹Ⅲ染色，观察分泌腔油滴呈橙色。

2. 树脂道　　取松叶横切面永久封片，在低倍镜下找到皮层，可以看到一些大小不等的圆孔，即树脂道。选一个清晰的树脂道，在高倍镜下观察树脂道的结构（图10-11）。

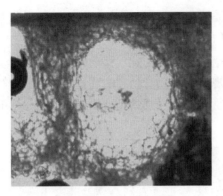

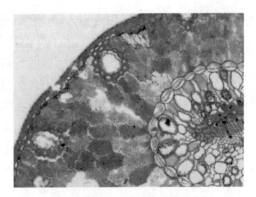

图 10-10　橘皮分泌腔　　　　　　　　图 10-11　松针叶树脂道

注：保护组织在实验十一中有详细介绍。

【实验报告】

1）绘美人蕉叶柄通气组织细胞结构图。

2）绘芹菜叶柄厚角组织细胞图。

3）绘洋葱根尖细胞有丝分裂过程分裂期模拟图。

【作业与思考】

1）比较厚角组织、厚壁组织在形态结构与功能上的异同。

2）比较导管、管胞在形态结构、功能上的异同。

3）找出细胞周期各期的细胞，讨论有丝分裂各时期染色体、核膜与核仁的变化特点。

4）有丝分裂观察时，为什么要选择根尖末端 2mm 以内的部位进行观察？

5）在有丝分裂实验中，做好这个实验的关键操作步骤是什么？

【拓展阅读】

植物有丝分裂临时装片制作过程

（一）实验材料与用品

1. 器材　　显微镜、解剖刀、镊子、载玻片、盖玻片、酒精灯、吸水纸滴管、烧杯、小瓶。

2. 材料　　洋葱或大蒜的鳞茎，实验前 3～5d 将其放在烧杯上，使基部浸于水中，在 25℃左右的条件下培养。每天换水，待其根尖长到 2～3cm 时备用。

3. 试剂　　固定离析液、改良碱性品红染色液和 45% 冰乙酸。

（二）实验操作与观察

1. 取材　　切取根尖，长度在 2mm 以内。

2. 材料处理

（1）离析固定　　将材料放入有少许固定离析液的小瓶中，处理约 5min。处理时间应适度，时间过长，会使细胞染色体受到破坏，不能很好地染色；时间过短，则材料离散不好。

（2）清洗　　吸走固定离析液，用清水浸洗材料 3 次，每次 5min。

（3）压片　　将材料小心取出，放在载玻片上，用镊子轻轻将其捣碎，加上染料，染色约 5min。用吸水纸小心地吸走多余染料，加上 45% 冰乙酸，进行分色处理，此处理可使细胞质染色较淡，使细胞核与染色体染色效果较好。加上盖玻片，用铅笔或吸管的橡皮头轻压，使细胞彼此离散。

3.镜检　　找出分裂期各期的细胞。

（三）备注

1.固定液（卡诺固定液）　　纯乙醇 3 份 + 冰乙酸 1 份。

2.改良苯酚品红染色液

原液 A：将 3g 碱性品红溶于 100mL 70% 乙醇中，此液可以长期保存。

原液 B：将 10mL A 液加入到 90mL 5% 苯酚水溶液中。

原液 C：将 55mL B 液加入到 6mL 的冰乙酸和 6mL 的 38% 的甲醛中。

染色液：取 C 液 20mL，加 45% 冰乙酸 80mL，充分混合均匀，再加入 1g 山梨醇，放置两周后使用，可保存多年。

实验十一　被子植物营养器官的整体性观察

　　被子植物从种子萌发开始其形态建成，陆续生长形成根、茎和叶，最后形成有繁盛根系和枝系的成年植物。不同的营养器官担负着不同的功能，根从土壤中吸收水分和无机盐，通过输导组织向上运送给茎、叶。叶片通过光合作用产生的有机物，经茎运送给根。三种营养器官在植物生活周期中担负着不同的生理功能，因此，也就形成各自独有的形态结构特征，成就了被子植物完整的植物营养个体形态。

【实验目的】

　　1）掌握根、茎、叶三种营养器官与功能相适应的形态结构特征。

　　2）学会用专业术语描述植物体及各部分器官的结构特点。

　　3）掌握徒手切片法临时装片制作和用显微镜观察并绘图的实验技能。

扫码见本
实验彩图

【实验材料与用品】

（一）仪器

　　普通光学显微镜。

（二）材料

　　载玻片、盖玻片、刀片、吸水纸、培养皿、蚕豆根、玉米根、小麦茎、棉花老根横切永久装片、椴树茎横切永久装片、蚕豆叶永久装片、小麦叶永久装片、棉花叶横切永久装片、水稻叶横切永久装片、沙粒、小花盆。

【实验操作与观察】

（一）种子萌发、幼苗形成过程及幼苗类型

　　1）选择粒大饱满、完整的种子置于培养皿中，以足够的水分浸没，20～25℃，培养箱中暗中培养，每天更换水两次。注意种子萌发情况，记录幼根形态。

　　2）将浸泡好的种子一部分移种到装有沙粒的小花盆中，沙粒覆盖厚度适中（约3cm），20～25℃，培养箱中暗中培养，注意幼苗形成，记录幼苗类型。从沙粒中取少部分幼苗植株，注意不要伤害根系，用清水冲洗干净，观察根系类型，区分直根系与须根系。

（二）根的结构观察

　　1.双子叶植物根初生结构观察　　选取刚生长根毛的蚕豆根，采用徒手切片法将根

横切成切片，制成临时装片，于显微镜下观察（图 11-1），完成下列问题。

1）根据细胞形态特征，蚕豆根的初生结构明显分为表皮、皮层、维管柱 3 层结构。

2）表皮由 1 层细胞组成，细胞外壁向外突起延伸成根毛。

3）从外向里，根据细胞的大小和排列疏密情况，皮层明显分为外皮层、皮层薄壁细胞（中皮层）和内皮层 3 层。皮层最内层细胞排列紧密，无细胞间隙，在此层细胞的横向壁和径向壁形成木质化和栓质化增厚的结构，环绕一圈，称为凯氏带。在根横切面上，只能看到相邻细胞径向壁上点状结构，称凯氏点。

思考：根中凯氏带的存在对物质进入途径有何影响？

4）蚕豆幼根中维管柱结构包括中柱鞘、初生木质部、初生韧皮部和髓。如图 11-2 所示，根据木质部脊数判断蚕豆根是四原型。从切片中明显看出初生木质部分化成熟，按照由外向内排成一列（导管的管径外小内大），这种分化方式称外始式。

思考：根中初生木质部为何采用这种发育方式，意义是什么？

2. 单子叶植物根的横切结构观察　　选取玉米的根用徒手切片法制作临时装片，与双子叶植物幼根结构进行比较（尤其注意内皮层的异同，图 11-3）。

3. 根的次生结构　　取棉花老根横切永久装片于显微镜下观察，请由外向内依次标注出：周皮、次生韧皮部、维管形成层、次生木质部、射线、初生木质部（图 11-4）。注意木射线和韧皮射线的位置、粗细及形状，注意分析各组织的细胞形态特点。

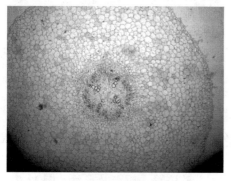

图 11-1　蚕豆幼根横切部分

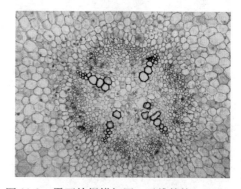

图 11-2　蚕豆幼根横切图，示维管柱

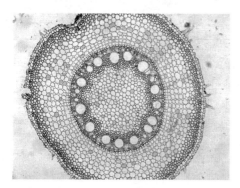

图 11-3　玉米根横切图

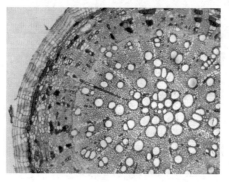

图 11-4　棉花老根横切图

思考:

1)双子叶植物根维管形成层的形成过程及其活动是怎样的?

2)次生保护组织周皮的形成过程是怎样的?

3)射线是如何形成的?

(三)茎的结构观察

1.单子叶植物茎的结构　　观察小麦茎形态结构时,取幼嫩的小麦植株茎节间,徒手切片法制作临时装片,于显微镜下观察(图11-5、图11-6),完成下列问题:表皮为1层细胞,靠近表皮细胞之内,有几层细胞的细胞壁厚,为厚壁组织,有支撑作用。向里为基本组织,细胞较大,排列疏松。靠近表皮的维管束体积较小,而向内维管束体积较大。与双子叶植物相比,其维管束中无束中形成层,所以属于有限维管束类型的维管束。每个维管束的周围有厚壁细胞构成的维管束鞘。原生木质部和后生木质部排列呈V形。

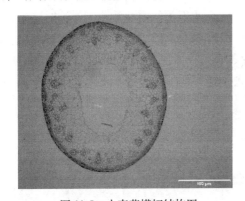

图 11-5　小麦茎横切结构图

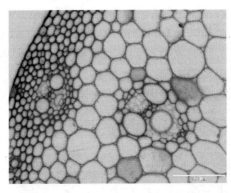

图 11-6　小麦茎中单个维管束结构图

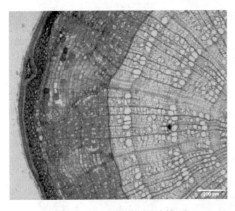

图 11-7　椴树茎横切结构图

2.双子叶植物茎的结构　　观察椴树茎横切永久装片时,由外向内依次标注出周皮、次生韧皮部、维管形成层、次生木质部;注意木射线和韧皮射线的位置、粗细及形状(图11-7)。

思考:

1)年轮线是如何形成的?如何通过年轮线判断茎的树龄大小?

2)双子叶植物茎维管形成层的形成过程及其活动是怎样的?

3)次生保护组织周皮的形成过程是怎样的?

(四)叶的结构观察

1.植物叶的表皮

(1)双子叶植物的叶表皮　　取蚕豆叶永久装片,镜检观察叶表皮细胞的形态及气孔器结构(注意观察气孔器结构组成、保卫细胞的形态,图11-8、图11-9)。

（2）单子叶植物叶的表皮　　取小麦叶永久装片镜检时，观察小麦叶表皮细胞形态、气孔器及细胞排列（注意观察气孔器结构组成和保卫细胞的形态，比较其与双子叶植物的异同，图11-10、图11-11）。

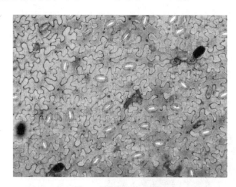

图11-8　蚕豆叶下表皮细胞及气孔器

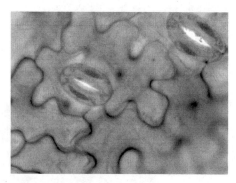

图11-9　蚕豆气孔器结构

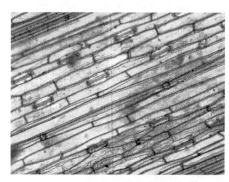

图11-10　小麦叶下表皮细胞及气孔器

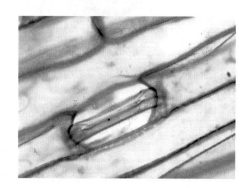

图11-11　小麦气孔器结构

2.植物叶的结构

（1）双子叶植物叶的结构　　取棉花叶横切永久装片进行显微观察，区分上表皮、下表皮、叶肉、叶脉；分辨出从上表皮到下表皮之间的各种组织（图11-12）。

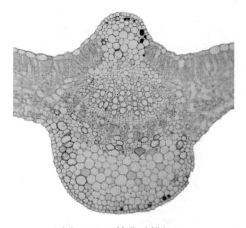

图11-12　棉花叶横切图

思考：

1）如何区分上、下表皮？

2）栅栏组织和海绵组织的细胞特点有哪些？

3）维管束有何特点？导管是如何排列的？

（2）单子叶植物的叶的结构　　取水稻叶横切永久装片进行显微观察，区分上表皮、下表皮、叶肉、叶脉；分辨出从上表皮到下表皮之间的各种组织（图11-13）。

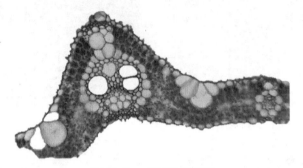

图11-13　水稻叶横切图

思考：

1）如何区分上、下表皮？

2）栅栏组织和海绵组织的细胞特点有哪些？

3）维管束有何特点？导管是如何排列的？

【实验报告】

1）绘蚕豆根的初生结构横切面图，注明各部分结构名称。

2）比较蚕豆与小麦叶形态、叶下表皮细胞及气孔器结构的异同点。

【作业与思考】

1）双子叶植物的根和茎是如何从初生结构形成次生结构的？

2）如何理解植物营养器官之间的相关性？

3）植物营养器官分别有何功能？

4）如何理解植物的各器官的结构与功能的适应性？

5）植物的营养器官在社会经济中有哪些应用？

【拓展阅读】

植物腊叶标本的制作

腊叶标本是干制植物标本的一种，又称压制标本。一般采集木本植物的带有花、果实的一段枝叶，或者采集草本植物的带花或果的整株植物体，经在标本夹中压平、干燥后，装贴在台纸上，即为腊叶标本。腊叶标本制作简单，保存容易，可长期供科学研究使用。其制作一般分为如下三步。

首先是采集。采集时应注意：尽量保证采集对象的完整性、典型性、代表性；大小合适，易于压制；做好生境记录和当地俗名记录；除了非常稀缺的植物，标本尽量要新鲜健康，不要携带枯枝烂叶及明显的病虫枝叶。

然后是压制。先在标本夹的一片夹板上放几层吸水纸，然后放上标本，标本上再放几层纸，使标本与吸水纸相互间隔，多次重复，最后再将另一片标本夹板压上，用绳子捆紧。每层所夹的纸一般为3~5张，对粗大多汁的标本，上下应多放几张纸。薄而软的花、果，可先用软的纸包好再夹，以免损伤。初压时标本要尽量捆紧，以使标本压平，并与吸水纸接触紧密，比较容易干。初压时标本水分含量高，通常每天要换纸2~3次，第三天后每天可换一次，以后可以几天换一次，直至干燥为止。遇上多雨天气，标本容易发霉，及时换纸更为重要，更要准时。最初几次换纸，要注意对标本整形，将皱折的叶、花摊开，展示出主要特征。3~4天后标本开始干燥，并逐渐变脆，这时捆扎不可太紧，以免损伤标本。

最后是固定。固定也称上台纸，指将干制好的标本固定在一张白色的台纸上。要求台纸质地软硬适度，太软不利于标本的保护，最后加上盖纸，腊叶标本就制作完成了。装订好的标本一般要经过消毒，然后保存于通风干燥处，以备使用。

实验十二　植物繁殖器官综合实验

被子植物的繁殖器官包括花、果实和种子。繁殖器官具有形态和结构的多样性，也是被子植物形态分类学的主要依据之一。

【实验目的】

1）掌握被子植物花的外部形态、组成及内部结构；理解花的结构、类型及其在植物分类学上的应用；分析和探索花的经济利用价值。

2）掌握果实的结构和类型；明确果实类型与植物分类的关系；分析和探索果实的经济利用价值。

扫码见本实验彩图

3）掌握种子的结构与类型；理解种子萌发与幼苗的类型。

【实验材料与用品】

（一）仪器

普通光学显微镜、立体显微镜。

（二）材料

1. 花的实验材料　　鲜材料：桃花、二月兰花、刺槐花、兰花、小麦花；凤尾丝兰子房；学生自备一种植物的花。永久片：百合花药幼期（横切）、百合花药成熟期、百合子房（横切）。

2. 果实的实验材料　　番茄（浆果）、黄瓜（瓠果）、苹果（梨果）、合欢（荚果）、棉（蒴果）、梧桐（蓇葖果）、向日葵（瘦果）、橡子（坚果）、臭椿（翅果）、小麦（颖果）、小茴香（双悬果）、荠菜（角果）、桃（核果）、八角茴香（聚合蓇葖果）、草莓（聚合瘦果）、桑葚（聚花果）。学生自备一种果实，进行分析。

3. 种子的实验材料　　鲜材料：菜豆种子、花生种子、蓖麻种子、玉米种子、红松种子、小麦粒等。永久片：小麦粒（纵切）、蓖麻等。

4. 其他材料　　载玻片、盖玻片、刀片、吸水纸、解剖针、培养皿等。

【实验操作与观察】

（一）花的组成与类型

分别取桃花（图 12-1）、二月兰花、刺槐花（图 12-2）、兰花，首先从外形进行观察，然后逐一解剖各花部，分别分析各种花的花部构成，回答下列问题：各种花都是由花梗、花萼、花冠、雄蕊群、雌蕊群 5 个部分组成。桃花的花托是杯型，二月兰花的雄蕊是二强雄蕊，刺槐的花是蝶形花冠，兰花的花柱是合蕊柱。上述花冠辐射性对称的有桃花和二月兰花，两侧对称的有刺槐花和兰花。

图 12-1　桃花　　　　　　　　　　　　图 12-2　刺槐花

（二）花序与小麦花的组成

取小麦的小穗，由外到内进行解剖，回答下列问题：小麦的小穗是由 2 片颖片和 3~4 朵小花构成，形成穗状花序。一朵小麦花是由外稃、内稃、3 枚雄蕊和 2 枚雌蕊组成。小麦花柱 2 裂呈羽毛状。

（三）花的雄蕊与雌蕊的结构

1. 花药结构观察　　取百合花药幼期横切片（图 12-3），进行显微观察，并思考以下问题：百合花药由药隔和 4 个花粉囊共两个部分构成。单个花粉囊由花粉囊壁和花粉室构成，花粉囊壁由表皮、药室内壁、中层、绒毡层构成。

思考：各层花粉囊壁细胞有何特点？

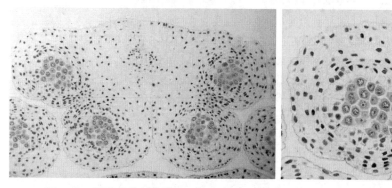

图 12-3　百合花药幼期横切（左图是一个完整花药，右图是一个花粉囊）

2. 子房结构的观察　　取凤尾丝兰的子房横切，制成临时装片，观察子房的结构，区分子房壁、子房室、胚珠、腹缝线、背缝线、维管束等各个部分。从子房横切片上看，凤尾兰有 3 心皮、子房 3 室、合生雌蕊、中轴胎座。

思考：如何区分背缝线与腹缝线？

（四）果实的结构与类型

果实可以从不同的方面进行分类。根据果实的发育来源和构成，可以分为真果与假果，真果由子房发育而来，假果由花中的子房和其他部分参与形成；根据果实的发育特征和雌蕊来源可以分为单果、聚合果和聚花果（复果）。

1）解剖苹果与番茄，试分析它们分别属于什么果实？分析真果与假果的区别。

2）解剖桃、草莓、桑葚，分析单果、聚合果和聚花果的构成特征。

思考：

1）各类果实，都由哪几部分构成？人类食用的是哪些部分？

2）区分各类果实的依据是什么？

3）各类果实的果皮构成是怎样的？

4）对实验提供的各类果实进行分类。

（五）种子的结构与类型

种子是植物的核心繁殖器官，种子一般由种皮、胚和胚乳构成，在成熟时，有的种子胚乳会被子叶等组织吸收。根据胚乳的有无，种子分为有胚乳种子和无胚乳种子。

1. 双子叶植物无胚乳种子　　取菜豆种子，首先观察种皮，然后解剖观察种子各部分构成（图 12-4）。菜豆种子由种皮和胚构成，种皮上有种脐、种孔、种瘤和种脊。胚由子叶、胚轴、胚根和胚芽构成。

A　　　　　　　　　　　　　　　B

图 12-4　菜豆种子的种皮（A）和胚（B）

2. 双子叶有胚乳种子　　取蓖麻种子，进行解剖分析，并思考下列问题。

1）种皮分为几层？各有什么特点？

2）种皮上有种阜、种脐、种孔和种脊等附属结构。

3）子叶有什么特点？与胚乳有什么联系？

3. 单子叶有胚乳种子　　取玉米种子，于正中间进行纵切，在切面上滴加 1 滴碘液，晾干后用立体显微镜进行观察，试区分以下各个部分：玉米种子由果皮、种皮、胚乳和胚构成，其中果皮和种皮难以分开。取小麦粒纵切永久片，进行观察，试找出胚的以下各个部分：胚芽鞘、胚芽、胚轴、胚根和胚根鞘（图 12-5）。

思考：单子叶植物的子叶为何只有 1 枚？

（六）幼苗的类型与生长研究

1. 种子的萌发观察　　每小组取菜豆和玉米种子各1份，菜豆种子清水浸泡12h，玉米种子浸泡18h以上，播种于营养钵中，以沙子为基质，保持湿润，直至萌发出土。分析种子出土方式和幼苗的类型、根系类型。

2. 幼苗生长研究与类型　　将营养钵中的沙子基质换成土壤，浇足水分，观察植物的生长过程，分析茎、叶的类型及其结构。

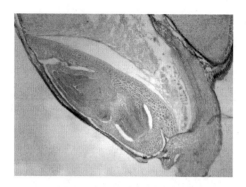

图 12-5　小麦胚的结构

【实验报告】

1）绘百合花药横切片图，注明各部分结构名称。

2）写出各种花的花程式。

3）列表说明实验中所用果实的类型，参考模板见表12-1。

表 12-1　果实类型

果实类型			植物名称	分类主要特征依据	食用部位
单果	肉果	浆果 瓠果 柑果 核果 梨果			
	干果	裂果 荚果 蓇葖果 蒴果 角果			
		闭果 瘦果 坚果 颖果 翅果 双悬果 胞果			
聚合果		聚合瘦果 聚合坚果 聚合蓇葖果			
聚花果					

【作业与思考】

1）试分析百合花粉囊幼期与成熟期的异同，说明花药的发育过程。

2）常见果实的经济意义与社会利用有哪些？如何拓展和开发果实的应用？

3）记录种子萌发到幼苗的过程，分析种子萌发的特点。

4）分析种子的经济学意义，思考种子有哪些创新开发应用？

实验十三　拟南芥的培养及形态观察

拟南芥是十字花科植物，被誉为"植物中的果蝇"，成为生物科学许多领域理想的模式物种。其主要特点是植物个体小、生育期短、结籽多、基因组小、染色体数目5对。另外，拟南芥是自花授粉植物，基因高度纯合，用理化因素处理，突变率很高，容易获得各代谢功能的缺陷型。

【实验目的】

1）掌握拟南芥种子萌发的无菌培养过程。

2）记录拟南芥的生长发育，了解植物的形态建成过程和植物的生活史过程。

3）学会用专业术语描述植物体及其结构。

4）掌握临时装片制作和用显微镜观察并绘图的实验技能。

【实验材料与用品】

（一）仪器

普通光学显微镜、涡旋振荡器、冰箱。

（二）材料

拟南芥种子（哥伦比亚生态型），蚕豆幼根、幼茎，棉花根和椴树茎横切永久装片。

（三）试剂

MS营养液、琼脂、蔗糖、75%乙醇溶液、3%次氯酸钠溶液、无菌水、培养瓶、培养箱、离心管、枪头、镊子、离心机、营养土、载玻片、盖玻片、吸水纸、培养皿。

（四）MS培养基配制

1. 大量元素（母液Ⅰ，20倍浓缩液）　　NH_4NO_3：33g/L；KNO_3：38g/L；$CaCl_2 \cdot 2H_2O$：8.8g/L；$MgSO_4 \cdot 7H_2O$：7.4g/L；KH_2PO_4：3.4g/L。

2. 微量元素（母液Ⅱ，200倍浓缩液）　　KI：0.166g/L；H_3BO_3：1.24g/L；$MnSO_4 \cdot 4H_2O$：4.46g/L；$ZnSO_4 \cdot 7H_2O$：1.72g/L；$Na_2MoO_4 \cdot 2H_2O$：0.05g/L；$CuSO_4 \cdot 5H_2O$：0.005g/L；$CoCl_2 \cdot 6H_2O$：0.005g/L。

3. 铁盐（母液Ⅲ，200倍浓缩液）　　$FeSO_4 \cdot 7H_2O$：5.56g/L；Na_2-EDTA $\cdot 2H_2O$：7.46g/L。

4. 有机成分（母液Ⅳ，200倍浓缩液）　　肌醇：20g/L；烟酸：0.1g/L；盐酸吡哆醇（VB$_6$）：0.1g/L；盐酸硫胺素（VB$_1$）：0.02g/L；甘氨酸：0.4g/L。

5. 母液 Ⅰ、母液 Ⅱ 及母液 Ⅳ 的配制方法　　每种母液中的几种成分称量完毕后，分别用少量的蒸馏水彻底溶解，然后再将它们混溶，最后定容到1L。

6. 母液 Ⅲ 的配制方法　　将称好的 FeSO$_4$·7H$_2$O 和 Na$_2$-EDTA·2H$_2$O 分别放到450mL 蒸馏水中，边加热边不断搅拌使其溶解，然后将两种溶液混合，将 pH 调至5.5，最后定容到1L，保存在棕色玻璃瓶中。各种母液配完后，分别用玻璃瓶贮存，并贴上标签，注明母液号、配制倍数、日期等，冷藏保存。

7. 配制培养液 1L　　用量筒或移液管从各种母液中分别取出所需用量：母液 Ⅰ 为50mL，母液 Ⅱ、Ⅲ、Ⅳ 各5mL。称取琼脂粉7g，蔗糖控制在1%～2%，调节 pH 到5.6～5.8，分装培养瓶中，121℃、20min 灭菌，备用。

【实验操作与观察】

（一）拟南芥种子萌发无菌培养操作过程

1）取拟南芥种子适量，倒入 1.5mL 的离心管中，加入无菌水，振荡数次，高速离心15s，将上清及漂浮的种子弃掉。加适量无菌水，将种子的离心管放入4℃冰箱2～3d，进行春化处理，打破种子休眠期。

2）弃掉水液，向离心管中加入70%乙醇溶液 1mL，振荡10s，用移液器小心移除上清。

3）向离心管中加入 1mL 的无菌去离子水，振荡后吸除，重复2次。

4）向离心管中加入 1mL 的3%次氯酸钠溶液，在涡旋振荡器上强力振荡10min，用移液器小心地移除上清。

5）向离心管中加入 1mL 的无菌去离子水，振荡后吸除，重复3次以上。

6）向离心管中加入 100μl 的无菌去离子水，振荡后，将种子移到灭过菌的培养瓶培养基表面，尽量做到种子不互相粘连。

7）将培养瓶放入培养箱，23℃，暗中培养2～3d，种子即萌发。

8）种子萌发后，在培养箱培养7～10d（温度23℃，光暗周期 14h/10h，光照强度3000lx），等幼苗长出两片真叶以后，即可进行大量移栽到营养土中。

9）刚移栽的幼苗先暗中适应1d，在光暗周期 14h/10h、光照强度3000lx、温度23℃条件下培养，生长期间要用 1/2MS 培养液浇灌。

10）观察拟南芥各时期生长特点，并记录。

（二）临时装片的制作

1. 清洗并擦净载玻片和盖玻片

（1）擦载玻片　　用左手拇指和食指捏住载玻片边缘，右手用纱布将载玻片上下两面包住，然后反复擦拭，擦好放在干净处备用。

（2）擦盖玻片　　先用左手拇指和食指轻轻捏住盖玻片的一角，再用右手拇指和食指持纱布把盖玻片包住，然后从上下两面隔着纱布慢慢地进行擦拭（注意：用力一定要小而匀，以免盖玻片破损）。

2. 取样　　用滴管滴一滴蒸馏水于载玻片的中央，再用镊子取待观察材料切片，置于载玻片的水滴中展开。

3. 盖盖玻片　　右手持镊子，轻轻夹住盖玻片的一角，使盖玻片边缘与材料在左边水滴的边缘接触，然后慢慢倾斜下落，最后平放于载玻片上，这样可避免产生气泡。若盖玻片下水过多，可用吸水纸将多余的水吸掉，将制好的临时装片放在显微镜下观察。

（三）拟南芥形态观察

1. 根与根系观察　　将一株拟南芥幼苗放入有水的培养皿中，将根系展开，观察所有根是否有主次之分。若观测困难，可以切下植株的根做成临时装片，借助显微镜观察。若一植物根系的根存在主次之分、粗细明显，为主根系；反之若根形态、大小相似，无主次之分，则为须根系。记录拟南芥的根系类型。

2. 拟南芥叶的观察　　在植株基部形成莲座叶，叶呈倒卵形或匙形，茎生叶无柄，呈披针形。判断拟南芥的叶脉类型。撕取叶下表皮，制作临时装片，观测叶表皮细胞形态和气孔器结构。

3. 拟南芥花的结构　　拟南芥主茎和侧枝顶部生有花序，根据开花顺序判断是无限花序还是有限花序。花瓣四片，白色匙形，呈"十"字形排列。去掉花瓣，做成临时装片，在显微镜下观察雄蕊数目和花丝长短情况并记录。（思考：十字花科的雄蕊为何被称为"四强雄蕊"？）

4. 拟南芥果实结构　　拟南芥果实长 1～1.5cm，线形，属于角果，每个果荚可着生 50 粒左右的种子。注意观察果实开裂和种子着生情况。（思考：十字花科雌蕊是 2 心皮组成 1 室，观测拟南芥种子附在中间隔膜上，为何不是 2 室？）角果成熟变黄，稍有裂口，就可以收集种子，有条件的可以用收集器收集种子，防止种子落下。

【实验报告】

1. 观察种子萌发、形成幼苗的过程，并绘图　　幼苗继续发育，生长成为具有根系和枝系的成年植物。根吸收土壤中的水分和无机盐，通过输导组织运送到地上部分的茎、叶中。叶片通过光合作用制造有机物，这些有机物被运送到茎、根中。由于根、茎、叶所处的环境不同，执行的生理功能不同，所以形态、结构特征也不同。以蚕豆幼根、幼茎为实验材料，做横切片观察根、茎初生结构的差异，并绘图，注明各部分的结构名称。

2. 观察多年生植物的次生结构　　取棉花根和椴树茎横切永久装片，观察根、茎的次生结构。

【作业与思考】

（1）观察拟南芥形态建成过程，完成下列问题。

1）根系类型为（　　）。A. 直根系　B. 须根系

2）叶脉为（　　）脉，叶表皮细胞形态是否规则？气孔器周围有（　　）个表皮细胞，保卫细胞呈（　　）形。对比黑暗条件下，视野内光照时气孔开放数目。

3）花序类型为（　　）。A. 有限花序　B. 无限花序

4）花序为（　　）。A.伞形花序　B.总状花序　C.柔荑花序　D.穗状花序

5）雄蕊数目（　　）枚，花丝较长的有（　　）枚，较短的有（　　）枚。

6）果实类型为（　　）。A.肉果　B.干果　C.裂果　D.闭果

（2）如何理解植物营养器官之间的相关性？

【注意事项】

1）在使用配制的母液时，应在量取各种母液之前，轻轻摇动盛放母液的瓶子，如果发现瓶中有沉淀、悬浮物或被微生物污染，应立即淘汰这种母液，重新进行配制。为防止母液污染，有机母液应放在冰箱里4℃保存。

2）用量筒或移液管量取培养基母液前，必须用所量取的母液将量筒或移液管润洗2次。

3）量取母液时，将各种母液按顺序量取，不能遗漏。溶化琼脂时称取琼脂9g、蔗糖30g，放入1000mL的搪瓷量杯中，再加入蒸馏水750mL，用电炉加热，边加热边用玻璃棒搅拌，直到液体呈半透明状，然后再将配好的混合培养液加入到煮沸的琼脂中，少量多次加入，注意搅拌，最后加蒸馏水定容至1000mL。

4）高压灭菌操作步骤。

A.码放锥形瓶。将装有培养基的锥形瓶直立于金属小筐中，再放入高压蒸汽灭菌锅内。如果没有金属小筐，可以在两层锥形瓶之间放一块玻璃板隔开。

B.放置其他需要灭菌的物品。将其他需要灭菌的物品也放入高压蒸汽灭菌锅内，如装有蒸馏水的锥形瓶、带螺口盖的玻璃瓶、烧杯、广口瓶（以上物品都要用牛皮纸封口）、用报纸包裹的培养皿、剪刀、解剖刀、镊子、滤纸、铅笔等。

C.灭菌。待需要灭菌的物品码放完毕，盖上锅盖，在98kPa、121℃下，灭菌20min。灭菌后取出锥形瓶，让其中的培养基自然冷却凝固后再使用。

实验十四　镉胁迫对拟南芥幼苗基因组 DNA 多态性的影响

重金属对植物的伤害主要表现为植物 DNA 损伤，包括碱基改变、DNA 单双链断裂、与蛋白质交联和 DNA 期外合成等。重金属镉可引起 DNA 单链断裂，形成 DNA 碱基修饰产物 8-羟基脱氧鸟苷，损害 DNA 修复系统，导致 DNA 突变，引起细胞凋亡，产生多种毒害效应。

随机扩增多态 DNA（random amplified polymorphic DNA，RAPD）技术是基于多聚酶链式反应（polymerase chain reaction，PCR）而发展起来的，它是指以 10bp 左右的随机寡核苷酸作为单一引物，以生物基因组 DNA 进行扩增反应，当细胞 DNA 发生损伤时，会造成引物结合位点的 DNA 片段缺失、插入或碱基突变，使引物无法与结合位点匹配，造成扩增中断，使扩增产物大小和数量发生改变，呈现出多态性。

【实验目的】

1）掌握 CTAB 法提取植物基因组 DNA 的方法。

2）了解紫外分光光度法和琼脂糖凝胶电泳如何辨别基因组 DNA 的质量。

3）掌握 RAPD 方法分析重金属镉对植物基因组 DNA 伤害的方法和过程。

【实验材料与用品】

（一）仪器

PCR 仪、低温离心机、紫外可见分光光度计。

（二）材料

拟南芥（哥伦比亚野生型）。

（三）试剂

$2 \times$ CTAB 提取缓冲液、24 : 1 氯仿-异戊醇、异丙醇、75% 乙醇溶液、TE 缓冲液、20μmol/L RAPD 随机引物（10bp）、dNTPs、PCR 缓冲液、DNA 聚合酶、溴化乙锭。

【实验操作与观察】

（一）材料处理

选择二叶一心期的拟南芥幼苗，分别用含 0、0.25、3.0 和 5.0mg/L Cd^{2+}（$CdCl_2$ 配制）的 MS 营养液光照培养，温度 20℃，光暗周期 14h/10h，光强 3000lx，培养 15d。

（二）CTAB 法提取基因组 DNA

1）在 65℃水浴中预热 2×CTAB 提取缓冲液。

2）分别称取不同处理下拟南芥幼苗叶片约 100mg，置于液氮中，充分研磨成粉末状。

3）将粉末移至离心管，立即加入等体积（700μL）的 2×CTAB 提取缓冲液（预热），充分混匀，在 65℃水浴中保温 40min，期间不时摇动。室温冷却后，10 000r/min 离心 10min。

4）取上清液转入另一干净的离心管，加入等体积的氯仿-异戊醇，轻轻颠倒离心管混匀，室温下 10 000r/min 离心 10min（可再重复步骤 4）。

5）加 2 倍体积的异丙醇，混匀，-20℃静置 10min，然后 10 000r/min 离心 5min，收集 DNA 沉淀。

6）用 70% 乙醇溶液漂洗 2～3 次 DNA 沉淀。

7）倒掉乙醇液体，将离心管倒立于铺开的纸巾上；数分钟后，直立离心管，干燥 DNA（自然风干或用风筒吹干）。

8）加入 20μL TE（含 RNase）缓冲液，使 DNA 溶解，置于 -20℃保存备用。

9）用紫外分光光度法测定 DNA 的浓度和纯度。

10）进行 0.8% 琼脂糖凝胶电泳，检测各样品 DNA 带型是否一致，有无降解。

（三）RAPD 分析

PCR 反应总体积 25μL，体系中含有模板 DNA 2μL，随机引物（1.7μmol/L）2μL，dNTPs（200μmol/L）2μL，PCR 缓冲液 2.5μL 和 Taq DNA 聚合酶（5U/μL）0.25μL，加 ddH$_2$O 到 25μL。

RAPD 反应程序：94℃预变性 5min，94℃变性 3min，38℃退火 1min，72℃延伸 1min，共 35 个循环，最后 72℃保温 10min，PCR 产物 4℃保存待用。RAPD 扩增产物用 1.4% 琼脂糖凝胶电泳分离。100V 电压，电泳约 3h，最后用溴化乙锭（1μg/mL）染色 30～40min，RAPD 扩增片段用凝胶成像分析系统进行处理。

（四）基因组模板稳定性（GTS）计算

$$GTS（\%）=（1-A/N）\times 100$$

式中，A 为处理组 RAPD 多态性条带数（与对照组相比，处理组新出现的和消失的 PCR 条带数之和）；N 为对照组总条带数。

（五）备注

1. 2×CTAB 提取缓冲液　　100mmol/L Tris-HCl（pH8.0）、20mmol/L EDTA、1.4mmol/L NaCl 溶液、2%CTAB、40mmol/L β-巯基乙醇。

2. TE 缓冲液　　10mmol/L Tris-HCl（pH8.0）、1mmol/L EDTA（pH8.0）、1mol/L NaCl 溶液。

3. DNA 质量判断　　所得 DNA 以紫外分光光度法分别检测 A_{260} 和 A_{280}，计算 A_{260}/A_{280}，如比值为 1.8～2.0 则认为 DNA 纯度良好。用琼脂糖凝胶电泳检测 DNA，条带整齐一致、亮度高、无降解，说明 DNA 样品好。

4. 注意事项　　DNA 提取和 RAPD 实验所用器具和试剂（除酶外）均需灭菌。

【实验报告】

整理实验记录，总结重金属镉对拟南芥幼苗基因组 DNA 多态性的影响。

【作业与思考】

1）本实验提取 DNA 所依据的基本原理是什么？

2）DNA 提取过程中，氯仿、70% 乙醇溶液的作用是什么？

【拓展阅读】

植物界中的"果蝇"——拟南芥

拟南芥（*Arabidopsis thaliana*）属十字花科鼠耳芥属草本植物，植株小，成熟个体高 7～40cm；基生叶具柄；茎生叶无柄；顶生总状花序，花瓣 4 片，白色匙形；线形长角果；花期 3～5 月。拟南芥的生长期很短，从播种到收获种子一般只需 6 周左右，而且产生的种子数量多，每株每代可产生数千粒种子（图 14-1）。

在目前已知基因组情况的高等植物中，拟南芥的基因组是最小的，含 5 对染色体，约 135Mb（百万碱基）。拟南芥基因组中具有高度重复、中度重复及低度重复 DNA 的比例低，这一特点对分子生物学家来说，就意味着可以比较容易地克隆和研究感兴趣的基因。实验表明，在拟南芥基因组中，高度重复序列只占 10%～15%，中度重复只占 7.5% 左右，低度重复序列只占 1% 左右，而余下的近 80% 的 DNA 基本上是用来构建单拷贝基因的。由于在基因组中编码某一具特定功能的产物的基因拷贝只有 1 个，如果其中某个基因的产物参与了植物个体形态发育过程，当该基因变异后，由于丧失的功能得不到额外拷贝基因的补偿，就会导致很显著的植物个体形态变异，这也是为什么在人工诱变拟南芥种子后，可以获得大量形态各异、种类不同、涉及植物发育各个过程的突变体。这些突变体为研究各基因在植物发育中的功能及其调节提供了良好的材料，是分离鉴定植物功能基因的淘金矿。

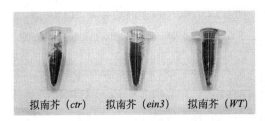

拟南芥（*ctr*）　　拟南芥（*ein3*）　　拟南芥（*WT*）

图 14-1　拟南芥突变体种子（*ctr,ein3*）和野生型种子（*WT*）

文献资料

刘宛，郑乐，李培军，等.2006.镉胁迫对大麦幼苗基因组 DNA 多态性的影响 [J].农业环境科学学报，25（1）：19-24.

解莉婧，刘宛，李培军，等.2007.镉胁迫对蚕豆幼苗基因组 DNA 多态性的影响 [J].生态学杂志，26（1）：35-39.

朱玉芳，吴康，崔勇华，等.2002.镉、铅对家蚕茧质及血细胞 DNA 损伤的影响 [J].农业环境科学学报，21（6）：502-504.

实验十五　重金属 Cd^{2+} 对拟南芥幼苗生长及生理生化的影响

> 当前重金属环境污染日益严重，因此重金属污染成为学术界的研究热点。在所有重金属污染中，镉由于具备的高移动性和高毒害性，以及难降解性和高积累性，并可通过食物链危及人类健康，因此被列为是生物毒性最强的重金属。一般来说，重金属进入植物体后，大部分贮存于根部，从而影响不同级别根的生长发育及数目等，导致植物体地上部分出现叶黄、植株矮小等重金属中毒症状。

【实验目的】

1）掌握拟南芥种子萌发的无菌培养过程。

2）初步了解重金属镉对拟南芥生长发育的影响。

3）通过丙二醛、可溶性蛋白指标测定，认识重金属镉对植物的伤害。

【实验原理】

植物器官在逆境下遭受伤害，往往发生膜脂过氧化作用。丙二醛（MDA）是常用的膜脂过氧化指标，它是膜脂过氧化的最终分解产物，其含量可以反映植物遭受逆境伤害的程度。在酸性和高温条件下，MDA 可以与硫代巴比妥酸（TBA）反应生成红棕色的三甲复合物，其最大吸收波长在 532nm。相应的反应原理图如图 15-1 所示。

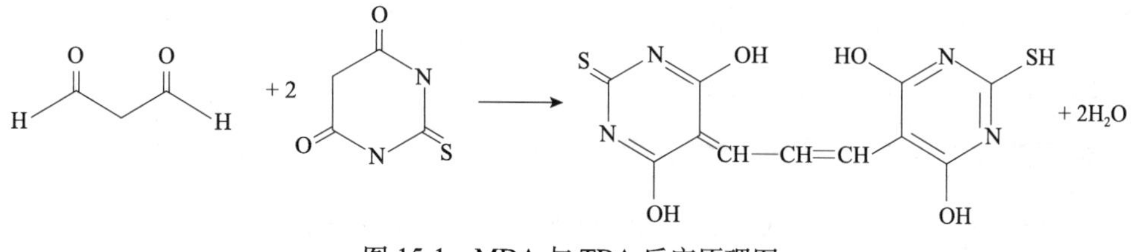

图 15-1　MDA 与 TBA 反应原理图

测定植物组织中 MDA 时受多种物质的干扰，其中最主要的是可溶性糖，糖与 TBA 显色反应产物的最大吸收波长在 450nm，但 532nm 处也有吸收。低浓度的铁离子能够显著增加 TBA 与蔗糖或 MDA 显色反应物在 532nm、450nm 处的消光度值，所以在蔗糖、MDA 与 TBA 显色反应中需要一定量的铁离子。通常植物组织中铁离子的含量为 $100\sim300\mu g/g$，根据植物样品量和提取液的体积，加入 Fe^{3+} 的终浓度为 0.5μmol/L。

三甲基复合物在 600nm 波长处有最小吸收峰，利用 532nm 与 600nm 下的吸光度的差值计算 MDA 的含量。

$$C_{MDA}=6.45\left(A_{532}-A_{600}\right)-0.56A_{450}$$

式中，C_{MDA} 为MDA 浓度（μmol/L）；A 为吸光度值。

考马斯亮蓝 G-250 测定蛋白质含量属于染料结合法的一种。考马斯亮蓝 G-250 在游离状态下呈红色，当它与蛋白质结合后变为青色，前者最大光吸收在465nm 处，后者在 595nm 处。在一定蛋白质浓度范围内（0～1000μg/mL），蛋白质-色素结合物在595nm 波长下的光吸收与蛋白质含量成正比，故可用于蛋白质的定量测定。蛋白质与考马斯亮蓝 G-250 结合在 2min 左右的时间内达到平衡，完成反应十分迅速；其结合物在室温下 1h 内保持稳定。因为该反应非常灵敏，可测微克级蛋白质含量，所以是一种比较好的蛋白质定量法。

高等植物中叶绿素有两种：叶绿素 a 和叶绿素 b，两者均易溶于乙醇、丙酮、乙醚等有机溶剂。叶绿体色素溶液各组成成分在可见光谱中具有不同的特征吸收峰。利用分光光度计在某一特定波长下所测定的吸光度，根据经验公式计算出色素溶液中各色素的含量。

【实验材料与用品】

（一）仪器

紫外可见分光光度计、离心机、电子天平、离心管、研钵、试管、烧杯、容量瓶、试剂瓶、涡旋振荡器、三角瓶、培养瓶。

（二）材料

拟南芥种子（哥伦比亚生态型）。

（三）试剂

MS 营养液、琼脂、蔗糖、75% 乙醇溶液、95% 乙醇溶液、3% 次氯酸钠溶液、$CdCl_2$（分析纯）、10% 三氯乙酸（TCA）溶液、0.6% 硫代巴比妥酸（TBA）溶液、石英砂、考马斯亮蓝 G-250、牛血清白蛋白。

【实验操作与观察】

（一）拟南芥种子萌发无菌培养操作过程

1）取拟南芥种子适量，倒入 1.5mL 的离心管中，加入无菌水，振荡数次，高速离心 15s，将上清及漂浮的种子弃掉。加适量无菌水，平均分成 5 份，其中 4 份吸干无菌水，分别加 0.25、1.0、3.0 和 5.0mg/L Cd^{2+}（$CdCl_2$ 配制）的无菌水液，注明标记。将带种子的离心管放入 4℃的冰箱 2～3d，进行春化处理，打破种子休眠期。

2）弃掉水液，向离心管中加 70% 乙醇溶液 1mL，振荡 10s，用移液器小心移除上清液。

3）向离心管中加入 1mL 无菌去离子水 ddH₂O，振荡后吸除，重复 2 次。

4）向离心管中加入 1mL 的 3% 次氯酸钠溶液，在涡旋振荡器上强力振荡 10min，用移液器小心地移除上清液。

5）向离心管中加入 1mL 的无菌去离子水，振荡后吸除，重复 3 次以上。

6）将消毒过的种子分别移到相对应含 0、0.25、1.0、3.0 和 5.0mg/L Cd²⁺（CdCl₂ 配制）的 MS 培养基的培养瓶中，尽量做到种子不互相粘连。

7）将培养瓶放入培养箱，23℃，暗中培养 2～3d，种子即萌发。

8）种子萌发后，在培养箱培养 20d（温度 20℃，光暗周期 14h/10h，光强 3000lx），取拟南芥幼苗，进行指标测定。

（二）拟南芥幼苗形态指标的测定

取不同 Cd²⁺ 浓度溶液处理的幼苗各 20 株进行测量，求平均值，完成表 15-1。

表 15-1　不同 Cd²⁺ 浓度溶液处理拟南芥幼苗形态测定

Cd²⁺ 浓度（mg/L）	植株鲜重（g）	主根长度（cm）	侧根数目（条）	根系发育情况
0				
0.25				
1.0				
3.0				
5.0				

（三）MDA 含量测定

1. MDA 的提取　　称取拟南芥幼苗叶片 1g，加入 2mL 10%TCA 和少量石英砂，研磨至匀浆；再加 8mL TCA 进一步研磨，匀浆在 4000r/min 离心 10min，上清液为样品提取液。

2. 显色反应和测定　　吸取离心的上清液 2mL（零对照加 2mL 蒸馏水），加入 0.6%TBA 溶液 2mL，混匀物于沸水浴中反应 15min，迅速冷却后离心。取上清液测定 532nm、600nm 和 450nm 波长下的吸光度值。

3. 计算　　由 $C_{MDA}=6.45（A_{532}-A_{600}）-0.56A_{450}$ 算出 MDA 的浓度，进而计算单位鲜重组织中 MDA 的含量。

$$MDA_{含量}（\mu mol/g）=C_{MDA} \cdot V/W$$

式中，C_{MDA} 为 MDA 浓度（μmol/L）；V 为提取液体积（mL）；W 为植物组织鲜重（g）。

（四）可溶性蛋白含量测定

1. 0～100μg/mL 标准曲线的制作　　取 6 支试管，按表 15-2 配制 0～100μg/mL 牛血清白蛋白溶液各 1mL。

表 15-2　标准曲线制作表

试 剂	管 号					
	1	2	3	4	5	6
1000μg/mL 牛血清白蛋白溶液（mL）	0	0.02	0.04	0.06	0.08	0.10
蒸馏水（mL）	1.00	0.98	0.96	0.94	0.92	0.90
蛋白质含量（μg）	0	20	40	60	80	100

混匀后向各试管加入 5mL 考马斯亮蓝 G-250 试剂，盖塞。将试管中溶液混匀，放置 2min 后，在 595nm 波长下比色，并做出标准曲线。

2. 样品测定　　称取拟南芥幼苗叶片 0.5g，用 5mL 蒸馏水或缓冲液研磨成匀浆，10 000r/min，离心 10min，取上清液 1mL，加 5mL 考马斯亮蓝 G-250 试剂，混匀，放置 2min 后，在 595nm 波长下测其吸光度。

3. 计算　　样品中蛋白质含量（mg/g）$= \dfrac{C \cdot V_1}{1000 V_2 W_F}$

式中，C 为查标准曲线值（g）；V_1 为提取液总体积（mL）；V_2 为测定时取样量（mL）；W_F 为样品鲜重（g）。

（五）叶绿素含量测定

取样品叶剪碎，去中脉，称取 2g，共 3 份，分别放入研钵中，加入少量石英砂和碳酸钙及 95% 乙醇溶液 3mL，研成匀浆，研磨材料至变白，静置 3～5min。取滤纸一张置漏斗中，用乙醇湿润，沿玻璃棒把提取液倒入漏斗中，过滤到 100mL 棕色容量瓶中，用少量乙醇冲洗研钵、研棒及残渣数次，最后连同残渣一起倒入漏斗，用滴管吸取乙醇，将滤纸上的叶绿体色素洗入容量瓶，直至滤纸和残渣中无绿色为止，最后加 95% 乙醇溶液定容至 100mL，摇匀。以 95% 乙醇溶液为空白，在波长 470nm、649nm、665nm 下测定吸光度。按以下公式计算叶绿素 a、叶绿素 b 和类胡萝卜素的浓度。

$$C_a\ (mg/L) = 13.95 A_{665} - 6.88 A_{649}$$
$$C_b\ (mg/L) = 24.96 A_{649} - 7.32 A_{665}$$
$$C_c\ (mg/L) = (1000 A_{470} - 2.05 C_a - 114.8 C_b)/245$$

求得色素的浓度后，再按下式计算组织中单位鲜重的各种色素含量：

$$A\ (\%) = \dfrac{V \cdot C}{1000 W} \times 100$$

式中，A 为叶绿体色素含量（mg/g）；C 为色素浓度（mg/L）；V 为提取液体积（mL）；W 为样品鲜重（g）。

（六）备注

1. 100μg/mL 牛血清白蛋白溶液　　称取 10mg 牛血清白蛋白，用蒸馏水定容 250mL，即为 100μg/mL 的标准蛋白溶液。

2. 考马斯亮蓝 G-250 溶液　　称取 100mg 考马斯亮蓝 G-250，溶于 50mL 90% 乙醇溶液中，加入 85% 磷酸 100mL，用蒸馏水定容至 1L，贮于棕色瓶，常温保存 30d。

3. 0.6%TBA　　先加入少量氢氧化钠（1mol/L）溶解，再用 10% 的 TCA 定容。

4. 计算　　在 80% 丙酮提取液中，叶绿素 a 和叶绿素 b 及类胡萝卜素分别在 663nm、646nm 和 470nm 波长下有最大吸收峰。计算公式如下：

$$C_a\ (mg/L) = 12.21 A_{663} - 2.81 A_{646}$$
$$C_b\ (mg/L) = 20.13 A_{646} - 5.03 A_{663}$$

$$C_c（mg/L）=（1000A_{470}-3.27C_a-104C_b）/229$$

【实验报告】

根据实验记录，分析不同浓度 Cd^{2+} 溶液对拟南芥幼苗生长及丙二醛、可溶性蛋白、叶绿素含量的影响。

【作业与思考】

1）分析重金属镉对植物形态生长的影响，思考重金属对植物器官伤害性最大的是哪个器官？为什么？

2）分析重金属镉对拟南芥幼苗叶片 MDA 和可溶性蛋白含量的影响。如何评价重金属对植物的伤害程度？

【拓展阅读】

镉和骨痛病

20 世纪中下叶，日本富士县神通川流域的部分地区，水体被上游一家炼锌厂排出的含镉废水污染。两岸居民一方面利用河水灌溉农田，致使镉在稻谷中富集；另一方面长期饮用含镉河水，致使镉在人体内蓄积，从而罹患了一种可怕的"骨痛病"，患者年龄一般在 30～70 岁。患病初期，患者的腰、背、膝关节刺痛，随后遍及全身。数年后患者骨骼疏松、萎缩、变形，最后死于引发性综合征。目前研究表明，镉对人体骨骼、肾、肝、免疫系统和生殖系统都有毒害作用，引起机体的急性和慢性中毒，还具有较强的致癌、致畸和致突变作用。镉既可以与机体重要的功能蛋白、酶类的功能基因的巯基等结合，影响机体内正常的生理过程，又可以与核酸作用，导致遗传物质的损伤。

镉在生物体内的半衰期长达 20～40 年，从而使人体某些器官的镉含量随着年龄的增长而增加。1971 年国际环境会议上，镉被列为环境污染中最为危险的 5 种物质之一；在世界卫生组织确定的 17 个优先研究的食品污染物中，镉仅次于黄曲霉毒素和砷而被列为第 3 位；1984 年联合国环境规划署提出的 12 种具有全球意义的危险化学物质中，镉居首位；美国农业部农业研究局把镉列为当前最主要的农业环境污染物；镉的化合物被国际癌症研究中心 (IARC) 确认为 IA 级致癌物；镉被美国毒物与疾病登记署 (ATSDR) 列为第 6 位危害人体健康的有毒物质，威胁着人类的生存和发展。

文献资料

时萌，王芙蓉，王棚涛 . 2016. 植物响应重金属镉胁迫的耐性机理研究进展 [J]. 生命科学，28（4）：504-511.

田禹璐，朱宏 . 2015. 重金属镉对植物胁迫的研究进展 [J]. 哈尔滨师范大学自然科学学报，31（2）：149-152.

熊愈辉，杨肖娥 . 2006. 镉对植物毒害与植物耐镉机理研究进展 [J]. 安徽农业科学，34：2969-2971.

杨卫东，陈益泰 . 2008. 镉胁迫对旱柳细胞膜透性和抗氧化酶活性的影响 [J]. 西北植物学报，28（11）：2263-2269.

实验十六　干旱对模式植物水稻生长的影响

　　　　水是生物重要的组成成分之一，对生物生长发育等生命活动起着非常重要的作用。然而，由于水在空间、时间上分布不均匀，所以不同生物对水的适应能力有显著不同。在植物生长发育过程中，缺水干旱会影响植物种子萌发、根茎生长，以及开花繁殖等过程，因此，可以从形态生理等角度观察干旱对植物的影响。

　　　　聚乙二醇（PEG）是一种常温下稳定的化合物，有较好的可溶性和保水性。高浓度的 PEG 水溶液具有较高的水渗透压，且不易被植物吸收，也没有毒性，因此常用作植物模拟干旱的处理试剂。

【实验目的】

　　1）掌握模拟干旱的处理方法。

　　2）认识干旱对植物生命活动的影响。

【实验材料与用品】

（一）仪器

　　植物组织培养室、照相机、电子天平。

（二）材料

　　水稻种子、水稻培养盒、玻璃培养皿、量筒、烧杯、pH 试纸等。

（三）试剂

　　聚乙二醇（PEG），NaCl 溶液，$HgCl_2$ 溶液，Hoagland 培养液（1000mL 培养液配方：四水硝酸钙 945mg、硝酸钾 506mg、硝酸铵 80mg、磷酸二氢钾 136mg、硫酸镁 493mg、铁盐溶液 2.5mL、微量元素液 5mL，加蒸馏水至 1000mL，调至 pH6.0），铁盐溶液［500mL 溶液配方：七水硫酸亚铁 2.78g、乙二胺四乙酸二钠（EDTA-2Na）3.73g，加蒸馏水至 500mL，调至 pH5.5］，微量元素液（1000mL 溶液配方：碘化钾 0.83mg、硼酸 6.2mg、硫酸锰 22.3mg、硫酸锌 8.6mg、钼酸钠 0.25mg、硫酸铜 0.025mg、氯化钴 0.025mg，加蒸馏水至 1000mL）。

【实验操作与观察】

（一）消毒

　　挑选大小一致、籽粒饱满成熟的水稻种子，将种子放置在干净的烧杯中，用 0.1%

的 $HgCl_2$ 溶液消毒 5min，无菌水冲洗 2 遍后，再用 5% 的 $NaCl_2$ 溶液消毒 5min，无菌水冲洗 4 遍。

（二）浸种

将处理好的水稻种子放在无菌烧杯中，加无菌水没过种子约 3cm，放在 28℃ 恒温培养箱中过夜，至种子吸水膨胀。

（三）催芽

取一个大的玻璃培养皿，放两层湿润的吸水纸，将种子均匀地平铺在吸水纸上，用喷壶喷湿，再取两张吸水纸，用喷水壶喷湿，放在 28℃ 恒温培养箱中，培养 3～4d。

（四）PEG 处理

将催芽后的水稻幼苗移至水稻培养盒中，Hoagland 培养液恢复培养 1d 后，分别用 Hoagland 培养液（对照组）或添加 20%（m/V）PEG 溶液（实验组）处理 3～7d。

（五）生长指标统计分析

1. 根形态特征分析测定

（1）拍照记录　分别记录用 Hoagland 培养液（对照组）和添加 PEG 的溶液处理（实验组）的水稻幼苗形态。

（2）统计株高　分别测量用 Hoagland 培养液（对照组）和添加 PEG 的溶液处理（实验组）的水稻幼苗的株高（cm）。分别测定统计 15 株水稻幼苗，并填入表 16-1。

表 16-1　15 株水稻幼苗的株高（cm）

项目	1	2	3	4	5	6	7	8
对照组								
实验组								

项目	9	10	11	12	13	14	15	平均株高
对照组								
实验组								

（3）统计初生根长度　分别测量用 Hoagland 培养液（对照组）和添加 PEG 的溶液处理（实验组）的水稻幼苗的初生根长度（cm）。分别测定统计 15 株水稻幼苗，并填入表 16-2。

表 16-2　15 株水稻幼苗的初生根长度（cm）

项目	1	2	3	4	5	6	7	8
对照组								
实验组								

项目	9	10	11	12	13	14	15	平均长度
对照组								
实验组								

（4）统计不定根数量　　分别测量用 Hoagland 培养液（对照组）和添加 PEG 的溶液处理（实验组）的水稻幼苗的不定根数量。分别测定统计 15 株水稻幼苗，并填入表 16-3。

表 16-3　15 株水稻幼苗的不定根数量

项目	1	2	3	4	5	6	7	8
对照组								
实验组								

项目	9	10	11	12	13	14	15	平均数量
对照组								
实验组								

（5）统计不定根长度　　分别测量用 Hoagland 培养液（对照组）和添加 PEG 的溶液处理（实验组）的水稻幼苗的不定根长度（cm）。分别测定统计 15 株水稻幼苗，并填入表 16-4。

表 16-4　15 株水稻幼苗的不定根长度（cm）

项目	1	2	3	4	5	6	7	8
对照组								
实验组								

项目	9	10	11	12	13	14	15	平均长度
对照组								
实验组								

（6）统计初生根上的侧根数量　　分别统计用 Hoagland 培养液（对照组）和添加 PEG 的溶液处理（实验组）的水稻幼苗初生根上的侧根数量（只统计长度大于 1mm 的）。分别测定统计 15 株水稻幼苗，并填入表 16-5。

表 16-5　15 株水稻幼苗初生根上的侧根数量

项目	1	2	3	4	5	6	7	8
对照组								
实验组								

项目	9	10	11	12	13	14	15	平均数量
对照组								
实验组								

（7）统计初生根上的侧根长度　　分别统计用 Hoagland 培养液（对照组）和添加 PEG 的溶液处理（实验组）的水稻幼苗初生根上的侧根长度（mm，只测定统计最长的 5 根）。分别测定统计 15 株水稻幼苗，并填入表 16-6。

表 16-6　15 株水稻幼苗初生根上的侧根长度（mm）

项目	1		2		3	
	最长 5 根	平均	最长 5 根	平均	最长 5 根	平均
对照组						
实验组						

项目	4		5		6	
	最长 5 根	平均	最长 5 根	平均	最长 5 根	平均
对照组						
实验组						

项目	7		8		9	
	最长 5 根	平均	最长 5 根	平均	最长 5 根	平均
对照组						
实验组						

项目	10		11		12	
	最长 5 根	平均	最长 5 根	平均	最长 5 根	平均
对照组						
实验组						

项目	13		14		15	
	最长 5 根	平均	最长 5 根	平均	最长 5 根	平均
对照组						
实验组						

根据以上结果计算最终平均长度（mm），并填入表 16-7。

表 16-7　15 株水稻幼苗初生根上的侧根平均长度（mm）

项目	1	2	3	4	5	6	7	8
对照组								
实验组								

项目	9	10	11	12	13	14	15	平均长度
对照组								
实验组								

2. 植株鲜重和干重的测定

（1）植株鲜重测定　　分别收集用 Hoagland 培养液（对照组）和添加 PEG 的溶液处理（实验组）的水稻幼苗，吸水纸吸干根部多余水分，称取并记录植株重量（mg），每组 10 棵，共记录 3 组，并填入表 16-8。

表 16-8　三组水稻幼苗植株重量（mg）

项目	1 组	2 组	3 组	幼苗数量	总重量	单株平均重量
对照组						
实验组						

（2）植株干重测定　　将统计完鲜重的植株分别置于 75℃烘箱中烘干至恒重，称取并记录重量（mg），填入表 16-9。

表 16-9　三组水稻幼苗植株干重（mg）

项目	1组	2组	3组	幼苗数量	总重量	单株平均重量
对照组						
实验组						

【实验结果与分析】

1）计算每个指标的平均值，做出柱形图，比较对照组与处理组每个指标的差异。

2）根据实验结果分析对照组与处理组的差异原因，说明水因子对植物生长有哪些影响？水因子的生态作用有哪些？

【作业与思考】

如果本实验采用仙人掌等耐旱植物作为实验材料，你认为结果会如何？

【拓展阅读】

文献资料

李金枝，王晓燕．2019．干旱胁迫下水稻和水花生的抗旱生理学 [J]．浙江农业科学，60（6）：915-917．

李雪妹，刘畅，单羽，等．2018．PEG 预处理对水分胁迫下水稻根系抗氧化酶同工酶及其表达的影响 [J]．江苏农业科学，46（7）：54-57．

连玲，许惠滨，何炜，等．2019．PEG 模拟干旱胁迫对水稻抗氧化酶基因表达的影响 [J]．福建农业学报，34（3）：255-263．

刘文，巩健，张承仁，等．2011．紫外和干旱胁迫对转基因水稻生理和抗氧化酶的影响 [J]．种子，30（9）：14-17．

周玲艳，许泽龙，秦华明，等．2011．PEG 处理对不同水稻品种生长和生理特性的影响 [J]．仲恺农业工程学院学报，24（4）：1-4．

实验十七　人体表面微生物的检测和大肠杆菌生长曲线测定实验

我们的皮肤聚集着大量的微生物，这些微生物的数量种类与生活环境密切相关。它们绝大多数生存在我们的表皮细胞表面，身体比较潮湿的部分，比如耳后、脖根、鼻孔或是肚脐，这些位置的细菌密度是最大的；而比较干燥的部分，比如前臂、手掌也会有细菌生存，只是细菌种群要比上述的潮湿部位要少很多。

大肠杆菌是我们非常熟悉的一种细菌，但"名不副实"，在手掌、嘴部、鼻子乃至发根都会繁殖。绝大部分的大肠杆菌是无害的，但其中一部分菌株毒性很大，可能造成食物中毒、泌尿系统感染、旅行者腹泻以及医源性感染。

【实验目的】

1）证实人体表面存在微生物，观察不同类群微生物的菌落形态特征。

2）通过对大肠杆菌生长曲线的测定，了解细菌生长的特点，综合训练微生物实验的基本实验技能。

3）巩固培养基的配制、灭菌，仪器的包扎、倒平板及无菌操作等技能。

4）掌握用比浊法测定细菌生长曲线的方法。

【实验原理】

平板培养基含有细菌生长所需要的营养成分，当取自不同来源的样品接种于培养基上，在37℃温度下培养，1～2d内每一菌体即能通过很多次细胞分裂而进行繁殖，形成一个可见的细胞群体的集落，称为菌落。每一种细菌所形成的菌落都有它自己的特点。因此，可通过平板培养来检查人体表面细菌的数量和类型。

将少量细菌接种到一定体积的、适合的新鲜培养基中，在适宜条件下进行培养，一定时间后测定培养液中的菌量，以菌量作纵坐标，生长时间作横坐标，绘制的曲线称为生长曲线，反映了单细胞微生物在一定环境条件下，于液体培养基中所表现出的群体生长规律。将每种一定量的细菌转入新鲜液体培养基中，在适宜条件下培养细胞，依据其生长速率的不同，要经历延迟期、对数生长期、稳定期和衰亡期4个阶段。

1. 延迟期　　又称调整期。细菌接种至培养基后，对新环境有一个短暂适应过程（不适应者可因此而死亡）。此期细菌繁殖极少，曲线平坦稳定。延迟期的长短因菌种、接种菌量、菌龄以及营养物质等不同而异，一般为1～4h。此期细菌体积增大，代谢活跃，为细菌的分裂增殖合成、储备充足的酶、能量及中间代谢产物。

2. **对数生长期**　　又称指数期。此期生长曲线上活菌数直线上升。细菌以稳定的几何级数增长，可持续几小时至几天不等（视培养条件及细菌代时而异）。此期细菌形态、染色、生物活性都很典型，对外界环境因素敏感，因此研究细菌性状以此期细菌最好。抗生素对该时期细菌效果最佳。

3. **稳定期**　　该期的生长菌群总数处于平坦阶段，但细菌群体活力变化较大，细菌浓度达到最大，即环境最大容纳量。由于培养基中营养物质消耗、毒性产物（有机酸、过氧化物等）积累、pH 下降等不利因素的影响，细菌繁殖速度渐趋下降，相对细菌死亡数开始逐渐增加，此期细菌增殖数与死亡数渐趋平衡；同时，细菌形态、染色、生物活性可出现改变，并产生相应的代谢产物如外毒素、内毒素、抗生素，以及芽孢等。

4. **衰亡期**　　随着稳定期发展，细菌繁殖越来越慢，死亡菌数明显增多。活菌数与培养时间成反比关系，此期细菌变长、肿胀或畸形衰变，甚至菌体自溶，难以辨认，生理代谢活动趋于停滞。

通常体内及自然界细菌的生长繁殖受机体免疫因素和环境因素等多方面的影响，不会出现培养基中那样典型的生长曲线。这 4 个时期的长短因菌种的遗传性、接种量和培养条件的不同而有所不同。因此，通过测定微生物的生长曲线，可了解其生长规律，对于科研和生产都具有重要的指导意义。

测定微生物的数量有多种不同的方法，可根据要求和实验室条件选用。本实验用比浊法测定，当光线通过微生物菌悬液时，由于菌体的散射及吸收作用使光线的透光量降低。在一定范围内，微生物细胞浓度与透射比成反比，与光密度（OD）值成正比。本实验中，在一定范围内大肠杆菌菌悬液的浓度与 OD 值成正比，因此可利用分光光度计测定菌悬液的 OD 值来推知菌液浓度，并将所测 OD 值与其对应的培养时间作图，即可绘出该菌在一定条件下的生长曲线，此法简便、快捷，可连续测定。

【实验材料与用品】

（一）仪器

紫外 – 可见分光光度计、比色皿、恒温摇床、培养箱、高压蒸汽灭菌锅、电子天平、电炉。

（二）材料

平板、试管、灭菌棉签（装在试管内）或无菌拭子、试管架、漏斗、止水夹、煤气灯或酒精灯、记号笔、接种环、标签纸、废液缸、锥形瓶、无菌吸管、烧杯、乳胶头、报纸、胶塞、玻璃棒等。

（三）试剂

1. **培养基**　　牛肉膏蛋白胨培养基、营养肉汤培养基等。
2. **溶液**　　无菌生理盐水（0.85%）、大肠杆菌菌种等。

【实验操作与观察】

（一）人体表面微生物检测

　　1. 制备牛肉膏蛋白胨培养基
　　（1）称量　　准确称取牛肉膏 1.8g、蛋白胨 6.0g、NaCl 颗粒 3.0g 放入烧杯中。
　　（2）熔化　　在上述烧杯中加入少于 600mL 的水量，用玻璃棒搅匀后，补充水到所需的总体积 600mL。
　　（3）调pH　　用 1mol/L NaOH 和 1mol/L HCl 进行调节，直至溶液 pH 达到 7.0～7.2。
　　（4）分装　　将其中 300mL 溶液装入 500mL 三角瓶中，向三角瓶中加入 6.0g 琼脂，向烧杯剩余液体中加入 6.0g 琼脂，在石棉网上加热烧杯，使琼脂溶解。将烧杯中溶液分装到 10 支试管中，每支试管中加入体积为试管总体积的 1/5 左右。
　　（5）加塞　　在三角瓶口塞上棉塞，防止外界微生物进入造成污染。
　　（6）包扎　　加塞后，在棉塞外包一层牛皮纸，将全部试管用麻绳捆好（还有一支装有无菌水的试管），同样的方法把三角瓶包好、扎好。用记号笔注明培养基名称、组别、配制日期。
　　（7）灭菌　　将上述培养基以 0.1MPa、121℃、30min 高压蒸汽灭菌。
　　（8）搁置斜面　　将灭菌的试管培养基冷却至 50℃左右，将试管口端搁在玻璃棒或其他合适高度的器具上，搁置的斜面长度以不超过试管总长的一半为宜。
　　2. 倒平板　　首先打开超净工作台紫外灯，照射 20min，然后关闭紫外灯，打开白炽灯，并点燃酒精灯，右手握住三角瓶底部，用左手小指将棉塞夹住、拔出，随之将瓶口边缘在火焰上过一下，杀死粘在瓶口外的杂菌。左手拿起一套平皿，用无名指和小指托住平皿底部，用中指和大拇指夹住皿盖并开启一缝，恰好能让三角瓶口伸入，随后倒出培养基。每个平板倒入 15～20mL 培养基，铺满整个皿底，盖上皿盖，置水平位置待凝。
　　3. 采集人体表面微生物
　　（1）洗手前　　用无菌水湿润棉签，用棉签在手表面擦拭，在火焰旁用左手拇指和中指将平皿开启成一缝，将棉签伸入，在琼脂表面接种，之后立即闭合皿盖。共做 3 套相同平皿，分别贴上标签，注明日期、组别、样品来源和编号。
　　（2）洗手后　　用肥皂和刷子用力刷手，在水流中冲洗干净，干燥后用无菌水湿润棉签，用棉签在手表面擦拭，在火焰旁用左手拇指和中指将平皿开启成一缝，将棉签伸入，在琼脂表面接种，之后立即闭合皿盖。共做 3 套相同平皿，分别贴上标签，注明日期、组别、样品来源和编号。
　　4. 培养微生物　　将每一组（3个）中编号为 1 的平板放在 28℃环境培养箱中培养，将编号为 2 和 3 的平板放在 37℃的环境培养箱中培养，时间为 1 周。

（二）大肠杆菌生长曲线测定

　　操作步骤：配制营养肉汤培养基并灭菌→编号并标记时间→接种→培养→测定→绘制生长曲线。

1. 配制营养肉汤培养基并灭菌　　准确称量牛肉膏 3.0g、蛋白胨 10.0g、NaCl 颗粒 5.0g、水 1000mL，步骤同（一）人体表面微生物检测 1. 培养基的制备，调节 pH 至 7.4～7.6，包扎好培养基，置于高压蒸汽灭菌锅中，121℃灭菌 15min。

2. 编号并标记时间　　准备好 13 个锥形瓶，分别编号 1、2、3、…、12、13，并标记时间 0h、2h、4h、…、22h、24h。

3. 接种　　用 1mL 无菌移液管分别移取 1mL 大肠杆菌菌液至锥形瓶中，并充分振荡均匀。

4. 培养　　将锥形瓶置于 37℃，在恒温摇床上培养（150r/min），然后分别按对应时间将锥形瓶取出，测定 OD 值。

5. 测定　　将培养的大肠菌群菌液用无菌移液管移取到比色皿中，选用 600nm 分光光度计上调节零点，用蒸馏水作为空白对照，并对不同时间培养液从 0 起依次进行测定。对浓度大的菌悬液用自来水适当稀释后测定，使其 OD 值为 0.2～0.8，经稀释后测得的 OD 值要乘以稀释倍数，才是培养液实际的 OD 值。

6. 绘制生长曲线　　对所得数据进行生长曲线的绘制，分析实验结果。

【实验结果与分析】

1. 观察并记录　　观察从人体表面采集培养得到的微生物菌落的形态、大小、颜色等特征，并分别记录。

2. 绘制生长曲线　　绘制大肠杆菌的生长曲线，按照测定方法每间隔 2h 取样测定 OD 值（表 17-1），并分别记录下来，然后绘制出大肠杆菌的生长曲线。

表 17-1　实验数据原始记录

编号	1	2	3	4	5	6	7	8	9	10	11	12	13
时间（h）	0	2	4	6	8	10	12	14	16	18	20	22	24
OD 值													

【作业与思考】

1）比较洗手前后菌落数的变化，谈谈你的体会。洗手后仍有少量细菌，是什么原因？

2）本实验为什么采用大肠杆菌进行生长曲线测定？

3）绘制大肠杆菌的生长曲线（标出生长曲线中四个时期的位置和名称）。

4）为什么用比浊法测定的细菌生长只是表示细菌的相对生长状况？

5）生长曲线中为什么会出现稳定期和衰退期？在生产实践中怎样缩短延迟期？怎样延长对数生长期及稳定期？怎样控制衰退期？

6）接种时种子在什么条件下为宜？为什么液体种子比斜面种子优越？

【拓展阅读】

巴斯德、李斯特与外科消毒

在 19 世纪早期消毒剂发明之前，由于伤口感染导致外科手术患者死亡率高达 50%～80%，手术室成了殡仪馆的前厅。基于对微生物的深刻认识，法国生物学家巴斯德（Louis Pasteur）首次提出了细菌致病理论。他认为细菌存在于空气中、手术医生手上、手术器械及纱布上，很容易感染伤口，建议外科医生将手术器械消毒后使用。这一理论当时遭到法国医学会一些老医生的嘲笑。但这却引起了英国外科医生李斯特（Joseph Lister）的重视，他将巴斯德的细菌致病理论用于外科临床，用石炭酸对手术器械、纱布、手术室等进行消毒和清洗伤口，成功地挽救了一名被马车压断腿的 11 岁男童，避免了严重的坏疽。自此，消毒剂被广泛应用于医院外科手术中，使其死亡率很快下降到 15%。李斯特因为开启了无菌外科手术时代，被称为"现代外科手术之父"。

实验十八　富硒酵母培养与硒元素的测定

> 硒是人体必需的微量元素之一，主要以无机硒和有机硒两种形式存在，无机硒具有剧毒性，十几克即可致人死亡。无机硒无毒，尤其富硒酵母具有吸收性好、安全无毒等优点，是一种比较理想的硒营养剂。

【实验目的】

1）了解酵母菌的微观形态和菌落形态。

2）掌握 YEPD 培养基的配制及酵母培养方式。

3）了解富硒酵母培养的原理，并掌握其培养方法。

4）了解硒元素测定的原理，并掌握其方法。

【实验原理】

环境胁迫通常可以使细菌发生代谢变化，可能具备某些特殊的能力。酵母菌生长符合 S 形生长曲线，对数期的酵母新陈代谢旺盛，在外界不良环境下容易发生突变。在培养基中添加不同浓度的亚硒酸钠，选择对数期的酿酒酵母，无富硒能力的酵母生长受限，有富硒能力的酵母生长旺盛，较易得到富硒菌株。

标准曲线法测定硒元素含量：配制一系列不同浓度的硒标准溶液，以不含被测组分的空白溶液为参比，测定标准溶液中组分含量，绘制标准曲线，并计算得出线性回归方程。富硒酵母样品首先使用消化液消化（破碎细胞），然后在相同条件下测定样品 OD 值，通过线性回归方程便可求得硒元素含量。

【实验材料与用品】

（一）仪器

UV2600 型紫外-可见分光光度计、电子分析天平。

（二）材料

酿酒酵母（*Sacharomyces cerevisiae*）斜面菌种，0.1mol/L Na_2SeO_3 溶液（母液），1μg/mL 硒标准液，5% EDTA-2Na 溶液，0.5% 3,3-二氨基联苯胺（DAB）溶液，消化液（体积比为高氯酸：过氧化氢：浓硫酸 =3 : 3 : 1），5% NaOH 溶液，甲苯（AR），葡萄糖（AR），酵母粉（BR），蛋白胨（BR）。

【实验操作与观察】

（一）筛选平板制备

YPD 培养基制备：葡萄糖 20g/L，蛋白胨 20g/L，酵母粉 10g/L，调节 pH 为 6.8，琼脂 20g/L，121℃灭菌 30min；灭菌后添加不同体积的 Na_2SeO_3 母液，配制 Na_2SeO_3 最终浓度为 20、40、80μg/mL 的筛选平板。

（二）富硒酵母筛选

挑取一环斜面菌种于液体 YPD 培养基中，28℃下 200r/min 振荡培养 24h；培养液用无菌水稀释至 10^{-1} 浓度（体积比，取 1mL 菌液加入 9mL 无菌水中），以此类推梯度稀释至 10^{-2}、10^{-3}、10^{-4}、10^{-5}、10^{-6} 浓度，分别取 10^{-4}、10^{-5}、10^{-6} 浓度稀释液 200μL 涂布筛选平板；涂布后，28℃培养 48h，红色菌落即富硒酵母菌落。

（三）酵母中硒元素测定

挑取红色富硒酵母菌落接种于 YPD 液体培养基，并添加相应的 Na_2SeO_3 母液，28℃下 200r/min 振荡培养 48h；培养结束后，发酵液 8000r/min、离心 10min 后收集菌体，并用无菌水洗涤菌体 3 次，80℃烘干，称重。

1. 硒含量标准曲线的绘制　硒含量采用 3,3-二氨基联苯胺比色法测定：吸取 1μg/mL 的标准硒溶液 0、5mL、10mL、15mL、20mL、25mL，分别加入分液漏斗中，加 ddH_2O（或超纯水）至 35mL；分别加入 5% EDTA-2Na 溶液 2mL，摇匀，用体积比 1:1 盐酸调节 pH 至 2~3；分别加 0.5% DAB 溶液 5mL，摇匀，放置在暗处反应 30min，再用 5% NaOH 溶液调节 pH 至中性；加 10mL 甲苯振摇约 2min，静置分层，弃去水层，甲苯层于 420nm 处测定吸光度，绘制硒标准曲线。

2. 细胞内硒含量的测定　通风橱内，向一定量烘干酵母菌体中加入 15mL 消化液，电炉缓慢加热至澄清透明（菌体消化完毕），将反应液倒入分液漏斗，加水至 25mL，进行一系列反应，于 420nm 处测定吸光度，计算酵母中硒含量。

【实验结果与分析】

1. 观察并绘图　观察富硒酵母的菌落形态，并绘制单个富硒酵母细胞形态（40 倍镜下）。

2. 绘制曲线并计算　用 Excel 绘制硒含量标准曲线，得到硒含量标准曲线方程（$y=ax+b$）以及决定系数 R^2，见表 18-1（$R^2 \geqslant 98\%$）。

表 18-1　OD 值

标准硒溶液（mL）	0	5	10	15	20	25	样品
硒含量（μg）	0	5	10	15	20	25	
OD_{420}							

3. 计算　使用硒含量标准曲线方程计算干酵母中硒含量（μg/g）。

【作业与思考】

1）为什么在浓度越高的 Na_2SeO_3 平板上长出的酵母菌就越可能具备富硒的能力？

2）什么因素决定了酵母菌富硒能力的上限？

3）如何进一步提高酵母菌的富硒能力？

4）测定酵母菌中硒元素含量时，称取多少酵母菌合适？如何使测定结果更加准确？

【拓展阅读】

硒对人体的作用

硒在自然界的存在方式分为两种：无机硒和有机硒。前者一般指亚硒酸钠和硒酸钠，从金属矿藏的副产品中获得；后者是硒通过生物转化与氨基酸结合而成，一般以硒蛋氨酸的形式存在。硒是人体必需的微量元素之一，作为多种酶蛋白催化活性中心的组分，在过氧化物分解、自由基清除、膜磷脂氢过氧化物还原等生理反应中起着重要作用，具有保护细胞膜特别是动脉血管壁上皮细胞细胞膜、防止动脉粥样硬化、减少血栓和心肌梗死发生等功能。硒还参与机体免疫力的调节、有毒元素的拮抗等生理活动。缺硒可能导致多种疾病发生，通过膳食摄取足够的硒可起到预防有关疾病的作用。无机硒和有机硒对硒缺乏引起的疾病都有防治作用，但是有机硒较无机硒毒性小，吸收率更高。目前，人们获得有机硒的主要来源有富硒酵母、富硒茶叶、富硒麦芽、富硒水果等，其中富硒酵母是实现工业化生产有机硒的最好途径之一。

实验十九　霉菌的分离纯化

　　霉菌是丝状真菌的统称，是指菌丝发达而不产生大型子实体的真菌，在营养基质上常形成绒毛状、网状或絮状的菌丝体。霉菌是重要的微生物资源，与人类生产、生活关系十分密切。霉菌在医药工业中可用来发酵生产青霉素、头孢菌素等药物；在农业中可用来生产发酵饲料、植物生长调节制、杀虫药等；此外，霉菌还可用来生产有机酸、维生素、酶制剂、酱油等。部分霉菌对植物和包括人在内的动物致病。

【实验目的】

　　1）了解霉菌在自然界的分布。

　　2）掌握霉菌的分离、纯化方法和技术。

　　3）学会观察霉菌的菌落特征。

【实验原理】

　　霉菌分布非常广泛。在土壤、空气、水中都能找到不同种类的霉菌。其中土壤中的霉菌种类繁多，是分离菌株的良好来源。在腐烂、霉变的水果、蔬菜及其他农作物上，也常见到形形色色的霉菌。此外，在动物包括人的体表也常有霉菌存在。

　　要从多种多样、数量众多的微生物样本中获得特定的微生物菌株，就要通过合适的方法把微生物分离开，从中挑选出我们所需要的菌株。将特定的微生物个体从群体中分离出来的技术称为分离。在特定环境中只让一种来自同一祖先的微生物生存的技术称为纯化。

　　分离技术有多种，其中常用的好氧微生物分离技术主要是涂布平板法和划线分离法。通过涂布平板和划线分离等操作，微生物可以在平板上分散成单个的个体，经适宜条件培养，可以形成肉眼可见的菌落，挑取单个菌落至新鲜的平板上，即可使目的菌株纯化。

　　霉菌菌落通常形态较大，质地疏松，外观干燥、不透明，呈松散的绒毛状、蛛网状或絮状，有的则较紧密。菌落正反面的颜色常不相同。

【实验材料与用品】

（一）仪器

　　电子天平、超净工作台、恒温培养箱、恒温摇床培养皿、酒精灯。

（二）材料

　　移液器、锥形瓶、试管、吸头、接种环、记号笔、封口膜、报纸、橡皮筋、涂棒等。

（三）样品和试剂等用品

1. 样品　　从枯枝落叶较多的地方采集土壤样品一份装入灭菌的牛皮纸袋中备用，发霉变质的水果一个（苹果、桃子、草莓等均可），盛有 90mL 无菌水并带有玻璃珠的锥形瓶，盛有 9mL 无菌水的试管。

2. 试剂等用品　　葡萄糖、蛋白胨、KH_2PO_4、$MgSO_4 \cdot 7H_2O$、琼脂、10g/L 孟加拉红溶液、10g/L 无菌链霉素溶液。

【实验操作与观察】

（一）制备马丁（martin）培养基平板

马丁培养基配方：葡萄糖 10g，蛋白胨 5g，KH_2PO_4 1g，$MgSO_4 \cdot 7H_2O$ 0.5g，水 1000mL，pH 自然，10g/L 孟加拉红溶液 3.3mL，琼脂 20g。

配制方法：按以上配方比例配制 300mL 马丁培养基，121℃灭菌 20min，待温度降至 50℃左右时加入 10g/L 无菌链霉素溶液 1mL。摇匀后在超净工作台内酒精灯火焰附近倒入培养皿，加盖后轻轻摇动培养皿，然后静置使培养基均匀平铺在培养皿底部，凝固后形成培养基平板。

（二）制备菌悬液

称取土壤样品 10g，加入盛有 90mL 无菌水并带有玻璃珠的锥形瓶中，置于恒温摇床中振摇约 20min，使土样与水充分混合，将菌分散并制备成 10^{-1} 浓度（质量体积比，g/mL）的土壤菌悬液。用移液器和吸头从中吸取 1mL 土壤菌悬液加入盛有 9mL 无菌水的试管中，充分振荡混匀制备成 10^{-2} 浓度的菌悬液。以此类推制成 10^{-3}、10^{-4}、10^{-5} 各种浓度的菌悬液。

（三）分离纯化

1. 涂布平板法　　用移液器和灭菌的吸头吸取 0.1mL 适当浓度（10^{-3}、10^{-4}、10^{-5}）的菌悬液，滴加于马丁培养基平板中央位置，然后用无菌涂棒快速将菌液向周围涂布均匀。每个浓度通常涂布 3 个平板。

2. 划线分离法

（1）不连续划线法　　左手持培养皿，皿盖稍微打开，右手拿接种环，将接种环在酒精灯火焰上灼烧灭菌后冷却，蘸取一环土壤菌悬液或从发霉、变质的水果上挑取一环霉变物，在平板一边划第一组线段 3～5 条，转动培养皿约 70°，将接种环烧灼冷却后从第一组线末端开始划第二组线，同法划第三组线和第四组线（图 19-1）。每种培养基划线一套。

（2）连续划线法　　其他操作同不连续划线法，只是划线为连续地划曲线（图 19-2）。每种培养基划线一套。

（四）培养观察

涂布或划线完毕后，将平皿倒置放于恒温培养箱培养，28℃培养 3～5d。观察生长的菌落，根据需要再进一步分离纯化，或挑取单个菌落接入斜面培养管后培养保存备用。

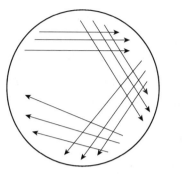
图 19-1　不连续划线法

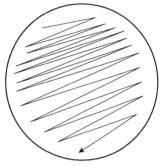
图 19-2　连续划线法

【注意事项】

1）根据实验目的选取合适的采样地点，拨开地表枯枝落叶等杂物，取地表下 5～15cm 深度、颗粒均匀的土壤样品备用。

2）分离纯化操作全过程要在无菌室或超净工作台内进行。

3）划线操作既要轻又要稳，用腕力轻巧地在平面上滑动，避免划破培养基。

4）稀释涂布时，保证每一稀释梯度的样品充分混匀后立即取样进行下一梯度稀释或取样涂布。

5）涂布时，必须在滴加样品后迅速涂布，且尽可能各个方向都涂布均匀，否则样品中的霉菌容易聚集生长形成菌苔，难以分离出单菌落。

【实验报告】

1）观察从土壤样品分离到的霉菌菌落的大小、颜色、质地、干湿程度、疏松性等特征，并分别记录下来。

2）观察从发霉变质水果样品分离到的霉菌菌落的大小、颜色、质地、干湿程度、疏松性等特征，并分别记录下来。

【作业与思考】

1）划线分离过程中，划完第一组平行线后再划第二组线时，为什么接种环要在火焰上烧灼冷却后再划线？

2）在恒温培养箱培养时，为什么要把培养皿倒置？

【拓展阅读】

霉菌的应用

霉菌在自然界分布广泛、种类繁多、功能多样。许多霉菌是发酵工业、医药工业、食品工业等生产的重要菌种。医药工业中的抗生素，许多是从霉菌中提取的，比如我们熟悉的青霉素，就是从青霉中得到的。1929 年，英国细菌学家弗莱明（Alexander Fleming）首先从点青霉中发现了抗葡萄球菌的青霉素，此后英国牛津大学生物化学家钱恩（Ernst Boris Chain）和物理学家弗洛里（Howard Walter Florey）通过对青霉菌的培养、分离、提纯和强化，使其抗菌力提高了几千倍。青霉素的发现和大量生产，在第二次世界大战前后拯救了千百万肺炎、脑膜炎、脓肿、败血症患者的生命，及时抢救了许多的伤病者。因为这一造福人类的贡献，弗莱明、钱恩、弗洛里于 1945 年共同获得诺贝尔生理学或医学奖。霉菌是酶制剂生产的主要菌种，据统计，酶制剂中有近 1/3 是霉菌产生的。其中毛霉可以生产蛋白酶、淀粉酶等，可用来制作美味的豆腐乳和豆豉。根霉可以生产淀粉酶，用于工业生产上的糖化作用。曲霉可以产生多种酶制剂，还能生产柠檬酸等多种有机酸，在工业上用途极为广泛。 红曲霉可以生产红曲，它是优良的天然食品着色剂。曲霉还是制曲酿酒、酿造酱油等必可缺少的菌种。霉菌如此强大的生产能力使它成为发酵、制药、食品等行业的重要菌种来源。

实验二十 霉菌的制片与形态观察

霉菌等微生物个体微小，需借助显微镜才能对细胞形态、大小、结构、排列等进行观察。在观察前通常先将微生物样品置于载玻片上制片，然后根据不同的微生物特点进行染色处理，以便更清楚地观察。

【实验目的】

1）掌握霉菌的制片方法和技术。

2）掌握霉菌的显微观察方法。

3）掌握霉菌的形态特征并能相互区分。

扫码见本实验彩图

【实验原理】

霉菌营养生长阶段的结构称为营养体。霉菌营养体的基本单位是菌丝，其直径一般为 $3\sim10\mu m$。菌丝可伸长并产生分枝，许多分枝的菌丝相互交织在一起，称为菌丝体。根据菌丝中是否存在隔膜，可把霉菌菌丝分成两种类型：无隔膜菌丝和有隔膜菌丝。无隔膜菌丝中无隔膜，整团菌丝体就是一个单细胞，内含多个细胞核，如根霉、毛霉的菌丝。有隔膜菌丝中有隔膜，隔膜上有小孔可以进行细胞间营养物质等的交流，被隔膜隔开的一段菌丝就是一个细胞，每个细胞内有 1 个或多个细胞核，如青霉、曲霉的菌丝。

生长在固体培养基上的霉菌菌丝可分为 3 部分。①营养菌丝：深入到培养基内，吸收营养物质的菌丝；②气生菌丝：营养菌丝向空气中生长的菌丝；③繁殖菌丝：部分气生菌丝发育到一定阶段，分化为繁殖菌丝，产生孢子。根霉属霉菌的菌丝与营养基质接触处分化出的根状结构，有固着和吸收养料的功能，称为假根。

霉菌的繁殖方式多种多样。虽然霉菌菌丝体上任一片段在适宜条件下都能生长成新个体，但在自然界中，霉菌主要依靠产生形形色色的无性或有性孢子进行繁殖。霉菌的菌丝和孢子形态特征是重要的分类鉴定依据。例如，黑根霉（*Rhizopus nigricans*）可产生假根、孢囊梗和孢子囊（图 20-1）。观察霉菌可用直接制片法和透明胶带法制片观察，也可采用载玻片湿室培养法和平板插片法。载玻片湿室培养法是在培养皿湿室内的载玻片上平铺一薄层培养基，使霉菌菌丝在载玻片和盖玻片之间的培养基中生长然后观察的方法。平板插片法是将盖玻片斜插入霉菌培养平

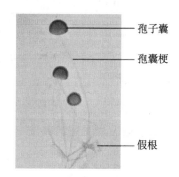

图 20-1 黑根霉的形态结构

（图中标注：孢子囊、孢囊梗、假根）

板，使霉菌沿盖玻片和培养基交界处生长而附着在盖玻片上，取出盖玻片后置于显微镜下，可观察到霉菌在自然生长状态下的形态。霉菌菌丝较粗大，细胞易收缩变形，且孢子容易飞散，制片时常用乳酸石炭酸棉蓝染液固定，其中乳酸可以保持菌体不变形，石炭酸具有杀菌防腐的作用，棉蓝具有染色的作用。

【实验材料与用品】

（一）仪器

普通光学显微镜、酒精灯。

（二）材料

载玻片、盖玻片、U形玻璃棒、培养皿、镊子、接种环、接种针、玻璃涂棒、细口滴管、解剖刀、解剖针、圆滤纸片等。

（三）菌种

产黄青霉（*Penicillium chrysogenum*）、黑曲霉（*Aspergillus niger*）、黑根霉（*Rhizopus nigricans*）的 2～3d 马铃薯葡萄糖琼脂（PDA）培养基平板培养物。

（四）染料、试剂和培养基

乳酸石炭酸棉蓝染液、20% 无菌甘油、马铃薯葡萄糖琼脂培养基。

【实验操作与观察】

（一）直接制片法

1. 制片　　在载玻片中央滴加 1 滴乳酸石炭酸棉蓝染液，用镊子从不同霉菌的平板上分别小心地夹取菌丝置于染液中，用解剖针小心地将菌丝分开，然后放 1 张盖玻片在上面，轻轻压一下。

2. 镜检　　先用低倍镜观察，再用高倍镜观察，注意观察菌丝有无隔膜、有无假根等特殊形态，观察孢子的着生方式和孢子的形态、大小等。

（二）透明胶带法

1. 制片　　在载玻片中央滴加 1 滴乳酸石炭酸棉蓝染液，打开霉菌平板，取 1 段透明胶带，使胶面朝下轻轻触及霉菌菌落表面，然后将粘了菌的透明胶带置于乳酸石炭酸棉蓝染液中。

2. 镜检　　方法同直接制片法的镜检方法。

（三）载玻片湿室培养法

1. 培养小室准备　　在培养皿底铺 1 张圆形滤纸片，其上放 1 个 U形玻璃棒，U形玻璃棒上放 1 张载玻片和 2 张盖玻片，盖上皿盖，121℃高压蒸汽灭菌 30min，烘干备用。

2.琼脂块制备　　进行无菌操作，用解剖刀从 PDA 薄层平板上切下大约 $1cm^2$ 的 2 块琼脂块，分别置于培养小室内的载玻片两端。

3.接种　　用接种针通过无菌操作挑取霉菌菌落上的孢子，接种于培养小室内的琼脂块上，其上覆盖盖玻片。

4.培养　　进行无菌操作，在培养小室内的圆滤纸片上加 3mL 20% 的无菌甘油，盖上皿盖，28℃恒温培养 3～5d。

5.镜检　　根据需要于不同时间取出载玻片用低倍镜和高倍镜镜检。通过连续镜检，可了解孢子的萌发、菌丝体的生长分化和孢子的形成。

（四）平板插片法

1.制片　　PDA 平板接种霉菌后倒置于 28℃下培养，待长出菌落时，将灭菌过的盖玻片以 30°～45°斜插入平板上菌落稍外侧，继续培养可见盖玻片一侧长有一薄层菌丝体。

2.镜检　　用镊子取出盖玻片，用纸擦去背面的培养基，将有菌面朝下放在滴有乳酸石炭酸棉蓝染液的载玻片上，用低倍镜及高倍镜观察菌丝、孢子的生长情况。

【注意事项】

1）在直接制片法和透明胶带法操作中，取菌的位置最好包含菌落上不同颜色交接的地方，以便取到不同生长阶段的菌丝和孢子。

2）在载玻片湿室培养法中，注意严格无菌操作，接种量要少并尽量将分散孢子接种在琼脂块边缘，以免培养后菌丝过密影响观察。

3）在平板插片法操作过程中，有菌丝的盖玻片转移时勿碰及菌丝体，且有菌面朝上，以免破坏菌丝体。

【实验报告】

1）绘制或拍下不同霉菌的显微形态，标出各部分结构名称。

2）比较霉菌制片不同观察方法的优缺点。

【作业与思考】

1）平板插片法除了可用于霉菌的制片观察外，还可用于哪些微生物的制片观察？理由或依据是什么？

2）产黄青霉、黑曲霉、黑根霉在显微形态上有何区别？

3）请深入查阅产黄青霉、黑曲霉、黑根霉的生物学特性并探讨其对工业生产的意义。

实验二十一　　乳酸菌的分离筛选和发酵乳的制作

　　牛（羊）乳是营养丰富的天然食品，含有丰富的蛋白质、脂肪、乳糖、矿物质、氨基酸和维生素等多种营养成分，因而是许多人喜爱的营养食品。然而，对乳糖不耐受的人来说，牛（羊）乳中的乳糖容易引起腹痛、腹泻等不适症状，因而难以接受。相比之下，牛（羊）乳经乳酸菌（lactic acid bacteria，LAB）发酵后形成的发酵乳则大大减少了乳糖的成分，同时增加了其他的有益作用，而且具有清新爽口的风味，因而倍受人们的青睐。

【实验目的】

　　1）了解乳酸菌的生物学特性及其生理作用。

　　2）掌握乳酸菌的分离筛选方法。

　　3）掌握发酵乳的制作方法和工艺。

【实验原理】

　　乳酸菌是一类能利用可发酵糖类产生大量乳酸的细菌的统称。乳酸菌在自然界分布较广泛，如动物消化道、粪便，植物的花蜜、树液、植物残骸、果实损伤部位，许多发酵制品如发酵乳、泡菜、酱油、发酵肉制品，人的口腔及肠道等生境。乳酸菌在发酵过程中通过代谢产生大量有机酸（如乳酸、乙酸）等物质，这些物质能调节改善肠道菌群、维持微生态平衡、改善胃肠道功能、提高食物消化利用率、降低血清胆固醇、提高机体免疫力。

　　乳酸菌无芽孢，是革兰氏阳性菌，包括多个种属。目前用于发酵乳发酵的菌种主要为保加利亚乳杆菌或德氏乳杆菌保加利亚亚种（*Lactobacillus delbrueckii* subsp. *bulgaricus*）和嗜热链球菌（*Streptococcus thermophilus*）；除此之外，有的发酵乳还含有更多的乳酸菌种，如嗜酸乳杆菌（*Lactobacillus acidophilus*）、乳双歧杆菌（*Bifidobacterium lactis*）等。所有市售发酵乳所用的菌种，必须符合食品安全国家标准。符合食品安全国家标准的优良乳酸菌种可以利用含乳的发酵基质进行发酵，分解糖类产生乳酸并发生凝乳，同时产生其他风味物质，因而可用来制作发酵乳。

　　乳酸菌代谢产生的乳酸在硫酸和高锰酸钾作用下氧化成丙酮酸，而后丙酮酸脱羧转变为乙醛，加热后乙醛挥发与滤纸条上浸润的银氨溶液发生银镜反应生成单质银，因而使滤纸条变黑，这个反应可以定性地检测乳酸的存在。

【实验材料与用品】

（一）仪器

　　电子天平、高压蒸汽灭菌锅、干热灭菌箱、超净工作台、恒温培养箱、恒温水浴锅、酸度计、普通光学显微镜等。

（二）材料

培养皿、试管、锥形瓶、酒精灯、滤纸条、移液器、吸头等。

（三）试剂等用品

市售发酵乳，市售牛乳或脱脂乳粉，蔗糖，蛋白胨，牛肉膏，酵母膏，柠檬酸氢二铵，葡萄糖，吐温 80，乙酸钠，磷酸氢二钾，硫酸镁，硫酸锰，琼脂，氯化钠，乳糖，生理盐水（0.85% 氯化钠溶液），草酸铵结晶紫染液，卢戈氏碘液，95% 乙醇，石炭酸复红染液，10% 硫酸溶液，2% 高锰酸钾溶液等。

（四）培养基

1.MRS 固体培养基　蛋白胨 10.0g，牛肉膏 10.0g，酵母膏 5.0g，柠檬酸氢二铵 [（NH$_4$)$_2$HC$_6$H$_5$O$_7$] 2.0g，葡萄糖（C$_6$H$_{12}$O$_6$·H$_2$O）20.0g，吐温 80 1.0mL，乙酸钠（CH$_3$COONa·3H$_2$O）5.0g，磷酸氢二钾（K$_2$HPO$_4$·3H$_2$O）2.0g，硫酸镁（MgSO$_4$·7H$_2$O）0.58g，硫酸锰（MnSO$_4$·H$_2$O）0.25g，琼脂 18.0g，蒸馏水 1000mL，pH 6.2~6.6。

制备过程：121℃，灭菌 20min，当温度降至 50℃ 左右时，加入单独灭菌的碳酸钙，使其终浓度为 1%，摇匀后倒入培养皿，制备 MRS 固体培养基平板。

2.脱脂乳试管　将脱脂乳液或脱脂乳粉与 5% 蔗糖水以 1：10 的比例配制，然后分装试管，装量以试管 1/3 为宜，112℃，灭菌 30min。

3.乳酸菌培养基　牛肉膏 5g，酵母膏 5g，蛋白胨 10g，氯化钠 5g，乳糖 5g，葡萄糖 10g，水 1L，pH 6.8，112℃，湿热灭菌 30min。

【实验操作与观察】

（一）乳酸菌的分离筛选

1.乳酸菌的分离　取市售发酵乳，用无菌生理盐水将发酵乳样品梯度稀释成 10^{-1}、10^{-2}、10^{-3}、10^{-4}、10^{-5}、10^{-6} 的浓度，选取其中 10^{-4}、10^{-5}、10^{-6} 3 个浓度的稀释液各 0.1mL，分别滴加到 MRS 固体培养基平板上，用无菌玻璃涂棒涂布均匀。将培养皿倒置于 40℃ 恒温培养箱中培养 48h，观察菌落特征。乳酸菌菌落在 MRS 平板上呈不同程度的乳白色，圆形，不透明或半透明，表面光滑，边缘整齐，菌落周围产生溶钙圈。挑取有溶钙圈的单菌落在 MRS 固体培养基上多次划线以得到纯的菌株。

2.乳酸菌的镜检　取干净载玻片 1 块，在载玻片中央加 1 滴无菌生理盐水，通过无菌操作技术用接种环取少量菌体涂片，然后干燥固定。之后进行革兰氏染色：加草酸铵结晶紫染液染色 1~2min，水洗；加碘液媒染 1min，水洗，用吸水纸吸去水分；连续滴加 95% 乙醇溶液数滴，并轻轻摇动进行脱色约 20s 至流出液无色，水洗，吸去水分；石炭酸复红染液染色 2min，水洗，吸去水分或自然晾干。将染色后的细菌涂片用显微镜油镜进行观察，若菌体被染成蓝紫色（即革兰氏阳性菌），无芽孢，球状或杆状，则是乳酸菌的形态特征。其中保加利亚乳杆菌呈杆状或长丝状；嗜热链球菌呈球状，成对或短链、长链状。

3. 脱脂乳试管培养及检查   选取 MRS 培养基上乳酸菌典型菌落无菌操作转接至脱脂乳试管中，40℃恒温培养箱中培养 8～24h。若牛乳出现凝固、无气泡、显酸性，涂片镜检细胞杆状或链球状，革兰氏染色阳性，则将其连续传代 3 次，最终选择 3～6h 能凝固的牛乳管作菌种待用。

4. 乳酸的检测   将分离选出的乳酸菌菌种按 2%（V/V）接种于 100mL 乳酸菌培养基，40～42℃静止培养 24h。期间每 6～8h 取样，检测 pH 的变化和乳酸的产生，记录结果。

乳酸的检测：取发酵上清液约 10mL 于试管中，加入 10% 硫酸 1mL，再加 2% 高锰酸钾 1mL，此时乳酸转化为乙醛，把事先在含氨的硝酸银溶液中浸泡的滤纸条搭在试管口上，微火加热试管至沸腾并观察滤纸条变化。若滤纸条变黑，则说明有乳酸存在。

（二）实验室发酵乳的制作

1. 配制发酵基质   量取 100mL 市售牛乳加入 250mL 锥形瓶并添加 5g 蔗糖，或称取 30g 市售脱脂乳粉加入 250mL 锥形瓶并加入 5g 蔗糖和 70mL 蒸馏水，摇动混匀，用封口膜密封。

2. 巴氏消毒   将锥形瓶置于 80℃恒温水浴锅中保温 15min，期间多次摇动使发酵基质均匀受热，然后将锥形瓶取出，用冷水冲洗外壁使其冷却至约 40℃。

3. 接种   在超净工作台内打开封口膜，按 5%～10%（V/V）的接种量将市售发酵乳或从市售发酵乳中分离筛选出的优良乳酸菌种接入发酵基质中，密封后摇匀。

4. 发酵   将锥形瓶置于 40～42℃恒温培养箱中静止发酵 6～8h，当奶凝固时，取出锥形瓶。

5. 后熟   将锥形瓶置于 4～6℃冷藏保持 24h，使发酵乳后熟，达到酸度要求（pH 4～4.5）。良好的发酵乳颜色呈乳白色，质地均匀，呈凝块状，表层光洁度好，具有人们喜爱的气味和口感。

【注意事项】

1）用 MRS 固体培养基分离乳酸菌时，注意挑取典型特征的菌落，结合菌体镜检观察，有助于高效分离筛选乳酸菌。

2）菌体革兰氏染色时注意掌握每步的时间，尤其是脱色时间要适宜，脱色时间太长容易造成假阴性，脱色时间太短容易造成假阳性。

3）含有牛乳或脱脂乳粉的培养基消毒时应掌握适宜温度和时间，防止长时间采用高温消毒而破坏营养和风味。

4）制作发酵乳时，应选用优良的市售发酵乳或优良乳酸菌种作接种剂，既要安全无害，又要使产品品质优良。

5）整个过程各阶段都要注意防止杂菌污染。

【实验报告】

1）描述分离筛选的乳酸菌生物学特征。

2）将实验室制作的发酵乳与市售发酵乳进行品质比较，并将比较情况记录于表 21-1 中。

表 21-1　发酵乳的品质评价

发酵乳的类别	评价项目					总体评价
	凝乳情况	香味	异味	口感	pH	
实验室发酵乳						
市售发酵乳						

【作业与思考】

1）乳酸菌有哪些有益的作用？根据这些作用，设计一种开发乳酸菌功能食品的方案。

2）在制作发酵乳时，发酵基质的消毒为何采用巴氏消毒法而不用常规高压蒸汽灭菌？如果发酵后的发酵乳有异味说明什么问题？应如何解决？

【拓展阅读】

乳酸菌的发现史

乳酸菌是一类可发酵利用糖类而产生大量乳酸的细菌。1857 年，法国生物学家巴斯德首先发现酸乳（sour milk）中有微小生物体存在，将其定名为"levue lactique"，由此，发酵是微生物作用所致的秘密才首次得以揭露，这是发现乳酸菌的开端。

1878 年，英国外科医生李斯特首次从酸败的牛奶中分离出乳酸菌，也就是目前的乳酸乳球菌（*Lactococcus lactis*），这是乳酸菌最早被分离出来的记录。

而乳酸菌真正被重视起来，是在 20 世纪初俄国生物学家、诺贝尔奖获得者梅契尼科夫（Elie Metchnikoff）的"长寿学说"提出之后。该学说指出：保加利亚的巴尔干地区居民，日常生活中经常饮用的酸奶中含有大量的乳酸菌，这些乳酸菌能够有效地抑制人体肠道内有害菌的生长，减轻肠道内有害菌产生的毒素对整个机体的毒害，这是保加利亚地区居民长寿的重要原因。"长寿学说"的提出具有划时代的意义，为人类深入认识和利用乳酸菌生产健康食品、益生素和其他产品开创了新纪元。

目前所发现的乳酸菌至少可分为 18 属 300 多个种。乳酸菌在农牧业、食品、医药、工业等与人类生活密切相关的重要领域具有很高的应用价值。

附　录

附录 1　常用对数表

lg	0	1	2	3	4	5	6	7	8	9	表尾差								
											1	2	3	4	5	6	7	8	9
10	0000	0043	0086	0128	0170	0212	0253	0294	0334	0374	4	0	12	17	21	25	29	33	37
11	0414	0453	0492	0531	0569	0607	0645	0682	0719	0755	4	0	11	15	19	23	26	30	34
12	0792	0828	0864	0899	0934	0969	1004	1038	1072	1106	3	0	10	14	17	21	24	28	31
13	1139	1173	1206	1239	1271	1303	1335	1367	1399	1430	3	0	10	13	16	19	22	26	29
14	1461	1492	1523	1553	1584	1614	1644	1673	1703	1732	3	0	9	12	15	18	21	24	27
15	1761	1790	1818	1847	1875	1903	1931	1959	1987	2014	3	0	8	11	14	17	20	22	25
16	2041	2068	2095	2122	2148	2175	2201	2227	2253	2279	3	0	8	11	13	16	18	21	24
17	2304	2330	2355	2380	2405	2430	2455	2480	2504	2529	2	0	7	10	12	15	17	20	22
18	2553	2577	2601	2625	2648	2672	2695	2718	2742	2765	2	0	7	9	12	14	16	19	21
19	2788	2810	2833	2856	2878	2900	2923	2945	2967	2989	2	0	7	9	11	13	16	18	20
20	3010	3032	3054	3075	3096	3118	3139	3160	3181	3201	2	0	6	8	11	13	15	17	19
21	3222	3243	3263	3284	3304	3324	3345	3365	3385	3404	2	0	6	8	10	12	14	16	18
22	3424	3444	3464	3483	3502	3522	3541	3560	3579	3598	2	0	6	8	10	12	13	15	17
23	3617	3636	3655	3674	3692	3711	3729	3747	3766	3784	2	0	6	7	9	11	13	15	17
24	3802	3820	3838	3856	3874	3892	3909	3927	3945	3962	2	0	5	7	9	11	12	14	16
25	3979	3997	4014	4031	4048	4065	4082	4099	4116	4133	2	0	5	7	9	10	12	14	15
26	4150	4166	4183	4200	4216	4232	4249	4265	4281	4298	2	0	5	7	8	10	11	13	15
27	4314	4330	4346	4362	4378	4393	4409	4425	4440	4456	2	0	5	6	8	9	11	13	14
28	4472	4487	4502	4518	4533	4548	4564	4579	4594	4609	2	0	5	6	8	9	11	12	14
29	4624	4639	4654	4669	4683	4698	4713	4728	4742	4757	1	0	4	6	7	9	10	12	13
30	4771	4786	4800	4814	4829	4843	4857	4871	4886	4900	1	0	4	6	7	9	10	11	13
31	4914	4928	4942	4955	4969	4983	4997	5011	5024	5038	1	0	4	6	7	8	10	11	12
32	5051	5065	5079	5092	5105	5119	5132	5145	5159	5172	1	0	4	5	7	8	9	11	12
33	5185	5198	5211	5224	5237	5250	5263	5276	5289	5302	1	0	4	5	6	8	9	10	12
34	5315	5328	5340	5353	5366	5378	5391	5403	5416	5428	1	0	4	5	6	8	9	10	11
35	5441	5453	5465	5478	5490	5502	5514	5527	5539	5551	1	0	4	5	6	7	9	10	11
36	5563	5575	5587	5599	5611	5623	5635	5647	5658	5670	1	0	4	5	6	7	8	10	11
37	5682	5694	5705	5717	5729	5740	5752	5763	5775	5786	1	0	3	5	6	7	8	9	10
38	5798	5809	5821	5832	5843	5855	5866	5877	5888	5899	1	0	3	5	6	7	8	9	10
39	5911	5922	5933	5944	5955	5966	5977	5988	5999	6010	1	0	3	4	5	7	8	9	10
40	6021	6031	6042	6053	6064	6075	6085	6096	6107	6117	1	0	3	4	5	6	7	9	10
41	6128	6138	6149	6160	6170	6180	6191	6201	6212	6222	1	0	3	4	5	6	7	8	9
42	6232	6243	6253	6263	6274	6284	6294	6304	6314	6325	1	0	3	4	5	6	7	8	9

续表

lg	0	1	2	3	4	5	6	7	8	9	表尾差								
											1	2	3	4	5	6	7	8	9
43	6335	6345	6355	6365	6375	6385	6395	6405	6415	6425	1	0	3	4	5	6	7	8	9
44	6435	6444	6454	6464	6474	6484	6493	6503	6513	6522	1	0	3	4	5	6	7	8	9
45	6532	6542	6551	6561	6571	6580	6590	6599	6609	6618	1	0	3	4	5	6	7	8	9
46	6628	6637	6646	6656	6665	6675	6684	6693	6702	6712	1	0	3	4	5	6	7	7	8
47	6721	6730	6739	6749	6758	6767	6776	6785	6794	6803	1	0	3	4	5	5	6	7	8
48	6812	6821	6830	6839	6848	6857	6866	6875	6884	6893	1	0	3	4	4	5	6	7	8
49	6902	6911	6920	6928	6937	6946	6955	6964	6972	6981	1	0	3	4	4	5	6	7	8
50	6990	6998	7007	7016	7024	7033	7042	7050	7059	7067	1	0	3	3	4	5	6	7	8
51	7076	7084	7093	7101	7110	7118	7126	7135	7143	7152	1	0	3	3	4	5	6	7	8
52	7160	7168	7177	7185	7193	7202	7210	7218	7226	7235	1	0	2	3	4	5	6	7	7
53	7243	7251	7259	7267	7275	7284	7292	7300	7308	7316	1	0	2	3	4	5	6	6	7
54	7324	7332	7340	7348	7356	7364	7372	7380	7388	7396	1	0	2	3	4	5	6	6	7
55	7404	7412	7419	7427	7435	7443	7451	7459	7466	7474	1	0	2	3	4	5	5	6	7
56	7482	7490	7497	7505	7513	7520	7528	7536	7543	7551	1	0	2	3	4	5	5	6	7
57	7559	7566	7574	7582	7589	7597	7604	7612	7619	7627	1	0	2	3	4	5	5	6	7
58	7634	7642	7649	7657	7664	7672	7679	7686	7694	7701	1	0	2	3	4	4	5	6	7
59	7709	7716	7723	7731	7738	7745	7752	7760	7767	7774	1	0	2	3	4	4	5	6	7
60	7782	7789	7796	7803	7810	7818	7825	7832	7839	7846	1	0	2	3	4	4	5	6	6
61	7853	7860	7868	7875	7882	7889	7896	7903	7910	7917	1	0	2	3	4	4	5	6	6
62	7924	7931	7938	7945	7952	7959	7966	7973	7980	7987	1	0	2	3	3	4	5	6	6
63	7993	8000	8007	8014	8021	8028	8035	8041	8048	8055	1	0	2	3	3	4	5	5	6
64	8062	8069	8075	8082	8089	8096	8102	8109	8116	8122	1	0	2	3	3	4	5	5	6
65	8129	8136	8142	8149	8156	8162	8169	8176	8182	8189	1	0	2	3	3	4	5	5	6
66	8195	8202	8209	8215	8222	8228	8235	8241	8248	8254	1	0	2	3	3	4	5	5	6
67	8261	8267	8274	8280	8287	8293	8299	8306	8312	8319	1	0	2	3	3	4	5	5	6
68	8325	8331	8338	8344	8351	8357	8363	8370	8376	8382	1	0	2	3	3	4	4	5	6
69	8388	8395	8401	8407	8414	8420	8426	8432	8439	8445	1	0	2	2	3	4	4	5	6
70	8451	8457	8463	8470	8476	8482	8488	8494	8500	8506	1	0	2	2	3	4	4	5	6
71	8513	8519	8525	8531	8537	8543	8549	8555	8561	8567	1	0	2	2	3	4	4	5	5
72	8573	8579	8585	8591	8597	8603	8609	8615	8621	8627	1	0	2	2	3	4	4	5	5
73	8633	8639	8645	8651	8657	8663	8669	8675	8681	8686	1	0	2	2	3	4	4	5	5
74	8692	8698	8704	8710	8716	8722	8727	8733	8739	8745	1	0	2	2	3	3	4	5	5
75	8751	8756	8762	8768	8774	8779	8785	8791	8797	8802	1	0	2	2	3	3	4	5	5
76	8808	8814	8820	8825	8831	8837	8842	8848	8854	8859	1	0	2	2	3	3	4	5	5
77	8865	8871	8876	8882	8887	8893	8899	8904	8910	8915	1	0	2	2	3	3	4	4	5
78	8921	8927	8932	8938	8943	8949	8954	8960	8965	8971	1	0	2	2	3	3	4	4	5
79	8976	8982	8987	8993	8998	9004	9009	9015	9020	9025	1	0	2	2	3	3	4	4	5
80	9031	9036	9042	9047	9053	9058	9063	9069	9074	9079	1	0	2	2	3	3	4	4	5
81	9085	9090	9096	9101	9106	9112	9117	9122	9128	9133	1	0	2	2	3	3	4	4	5
82	9138	9143	9149	9154	9159	9165	9170	9175	9180	9186	1	0	2	2	3	3	4	4	5
83	9191	9196	9201	9206	9212	9217	9222	9227	9232	9238	1	0	2	2	3	3	4	4	5
84	9243	9248	9253	9258	9263	9269	9274	9279	9284	9289	1	0	2	2	3	3	4	4	5
85	9294	9299	9304	9309	9315	9320	9325	9330	9335	9340	1	0	2	2	3	3	4	4	5

续表

lg	0	1	2	3	4	5	6	7	8	9	表 尾 差								
											1	2	3	4	5	6	7	8	9
86	9345	9350	9355	9360	9365	9370	9375	9380	9385	9390	1	0	2	2	3	3	4	4	5
87	9395	9400	9405	9410	9415	9420	9425	9430	9435	9440	0	0	1	2	2	3	3	4	4
88	9445	9450	9455	9460	9465	9469	9474	9479	9484	9489	0	0	1	2	2	3	3	4	4
89	9494	9499	9504	9509	9513	9518	9523	9528	9533	9538	0	0	1	2	2	3	3	4	4
90	9542	9547	9552	9557	9562	9566	9571	9576	9581	9586	0	0	1	2	2	3	3	4	4
91	9590	9595	9600	9605	9609	9614	9619	9624	9628	9633	0	0	1	2	2	3	3	4	4
92	9638	9643	9647	9652	9657	9661	9666	9671	9675	9680	0	0	1	2	2	3	3	4	4
93	9685	9689	9694	9699	9703	9708	9713	9717	9722	9727	0	0	1	2	2	3	3	4	4
94	9731	9736	9741	9745	9750	9754	9759	9763	9768	9773	0	0	1	2	2	3	3	4	4
95	9777	9782	9786	9791	9795	9800	9805	9809	9814	9818	0	0	1	2	2	3	3	4	4
96	9823	9827	9832	9836	9841	9845	9850	9854	9859	9863	0	0	1	2	2	3	3	4	4
97	9868	9872	9877	9881	9886	9890	9894	9899	9903	9908	0	0	1	2	2	3	3	4	4
98	9912	9917	9921	9926	9930	9934	9939	9943	9948	9952	0	0	1	2	2	3	3	4	4
99	9956	9961	9965	9969	9974	9978	9983	9987	9991	9996	0	0	1	2	2	3	3	3	4

使用说明：1）整数部分是一位非零数字的，如 lg2.573，在第 1 列找"25"再横行找"7"，为 4099，修正值"3"为 5，所以 lg2.573=0.4104。

2）整数部分不是一位非零数字的，用科学计数法表示 $N \times 10^n$。例如，lg25730= lg(2.573×10^4)=lg2.573+4=4.4104；lg0.002573=lg（2.573×10^{-3}）=lg2.573+(−3)= −2.5896。

3）查反对数时，正小数部分查表，整数部分决定小数点的位置。例如，查 6.4104，由 0.4104 查出 0.4104=lg2.573，则 6.4104=lg2.573+6=lg(2.573×10^6)= lg2573000。负的对数化为负整数＋正纯小数，再同样方法查找。

附录 2　反对数表

m	0	1	2	3	4	5	6	7	8	9	表 尾 差								
											1	2	3	4	5	6	7	8	9
00	1000	1002	1005	1007	1009	1012	1014	1016	1019	1021	0	0	1	1	1	1	2	2	2
01	1023	1026	1028	1030	1033	1035	1038	1040	1042	1045	0	0	1	1	1	1	2	2	2
02	1047	1050	1052	1054	1057	1059	1062	1064	1067	1069	0	0	1	1	1	1	2	2	2
03	1072	1074	1076	1079	1081	1084	1086	1089	1091	1094	0	0	1	1	1	1	2	2	2
04	1096	1099	1102	1104	1107	1109	1112	1114	1117	1119	0	1	1	1	1	2	2	2	2
05	1122	1125	1127	1130	1132	1135	1138	1140	1143	1146	0	1	1	1	1	2	2	2	2
06	1148	1151	1153	1156	1159	1161	1164	1167	1169	1172	0	1	1	1	1	2	2	2	2
07	1175	1178	1180	1183	1186	1189	1191	1194	1197	1199	0	1	1	1	1	2	2	2	2
08	1202	1205	1208	1211	1213	1216	1219	1222	1225	1227	0	1	1	1	2	2	2	2	3
09	1230	1233	1236	1239	1242	1245	1247	1250	1253	1256	0	1	1	1	2	2	2	2	3
10	1259	1262	1265	1268	1271	1274	1276	1279	1282	1285	0	1	1	1	1	2	2	2	3

m	0	1	2	3	4	5	6	7	8	9	表尾差								
											1	2	3	4	5	6	7	8	9
11	1288	1291	1294	1297	1300	1303	1306	1309	1312	1315	0	1	1	1	2	2	2	2	3
12	1318	1321	1324	1327	1330	1334	1337	1340	1343	1346	0	1	1	1	2	2	2	2	3
13	1349	1352	1355	1358	1361	1365	1368	1371	1374	1377	0	1	1	1	2	2	2	3	3
14	1380	1384	1387	1390	1393	1396	1400	1403	1406	1409	0	1	1	1	2	2	2	3	3
15	1413	1416	1419	1422	1426	1429	1432	1435	1439	1442	0	1	1	1	2	2	2	3	3
16	1445	1449	1452	1455	1459	1462	1466	1469	1472	1476	0	1	1	1	2	2	2	3	3
17	1479	1483	1486	1489	1493	1496	1500	1503	1507	1510	0	1	1	1	2	2	2	3	3
18	1514	1517	1521	1524	1528	1531	1535	1538	1542	1545	0	1	1	1	2	2	2	3	3
19	1549	1552	1556	1560	1563	1567	1570	1574	1578	1581	0	1	1	1	2	2	3	3	3
20	1585	1589	1592	1596	1600	1603	1607	1611	1614	1618	0	1	1	1	2	2	3	3	3
21	1622	1626	1629	1633	1637	1641	1644	1648	1652	1656	0	1	1	2	2	2	3	3	3
22	1660	1663	1667	1671	1675	1679	1683	1687	1690	1694	0	1	1	2	2	2	3	3	3
23	1698	1702	1706	1710	1714	1718	1722	1726	1730	1734	0	1	1	2	2	2	3	3	4
24	1738	1742	1746	1750	1754	1758	1762	1766	1770	1774	0	1	1	2	2	2	3	3	4
25	1778	1782	1786	1791	1795	1799	1803	1807	1811	1816	0	1	1	2	2	2	3	3	4
26	1820	1824	1828	1832	1837	1841	1845	1849	1854	1858	0	1	1	2	2	3	3	3	4
27	1862	1866	1871	1875	1879	1884	1888	1892	1897	1901	0	1	1	2	2	3	3	3	4
28	1905	1910	1914	1919	1923	1928	1932	1936	1941	1945	0	1	1	2	2	3	3	4	4
29	1950	1954	1959	1963	1968	1972	1977	1982	1986	1991	0	1	1	2	2	3	3	4	4
30	1995	2000	2004	2009	2014	2018	2023	2028	2032	2037	0	1	1	2	2	3	3	4	4
31	2042	2046	2051	2056	2061	2065	2070	2075	2080	2084	0	1	1	2	2	3	3	4	4
32	2089	2094	2099	2104	2109	2113	2118	2123	2128	2133	0	1	1	2	2	3	3	4	4
33	2138	2143	2148	2153	2158	2163	2168	2173	2178	2183	0	1	1	2	2	3	3	4	4
34	2188	2193	2198	2203	2208	2213	2218	2223	2228	2234	1	1	2	2	3	3	4	4	5
35	2239	2244	2249	2254	2259	2265	2270	2275	2280	2286	1	1	2	2	3	3	4	4	5
36	2291	2296	2301	2307	2312	2317	2323	2328	2333	2339	1	1	2	2	3	3	4	4	5
37	2344	2350	2355	2360	2366	2371	2377	2382	2388	2393	1	1	2	2	3	3	4	4	5
38	2399	2404	2410	2415	2421	2427	2432	2438	2443	2449	1	1	2	2	3	3	4	4	5
39	2455	2460	2466	2472	2477	2483	2489	2495	2500	2506	1	1	2	2	3	3	4	5	5
40	2512	2518	2523	2529	2535	2541	2547	2553	2559	2564	1	1	2	2	3	4	4	5	5
41	2570	2576	2582	2588	2594	2600	2606	2612	2618	2624	1	1	2	2	3	4	4	5	5
42	2630	2636	2642	2649	2655	2661	2667	2673	2679	2685	1	1	2	2	3	4	4	5	6
43	2692	2698	2704	2710	2716	2723	2729	2735	2742	2748	1	1	2	3	3	4	4	5	6
44	2754	2761	2767	2773	2780	2786	2793	2799	2805	2812	1	1	2	3	3	4	4	5	6
45	2818	2825	2831	2838	2844	2851	2858	2864	2871	2877	1	1	2	3	3	4	5	5	6
46	2884	2891	2897	2904	2911	2917	2924	2931	2938	2944	1	1	2	3	3	4	5	5	6
47	2951	2958	2965	2972	2979	2985	2992	2999	3006	3013	1	1	2	3	3	4	5	5	6
48	3020	3027	3034	3041	3048	3055	3062	3069	3076	3083	1	1	2	3	4	4	5	6	6

续表

m	0	1	2	3	4	5	6	7	8	9	表　尾　差								
											1	2	3	4	5	6	7	8	9
49	3090	3097	3105	3112	3119	3126	3133	3141	3148	3155	1	1	2	3	4	4	5	6	6
50	3162	3170	3177	3184	3192	3199	3206	3214	3221	3228	1	1	2	3	4	4	5	6	7
51	3236	3243	3251	3258	3266	3273	3281	3289	3296	3304	1	2	2	3	4	5	5	6	7
52	3311	3319	3327	3334	3342	3350	3357	3365	3373	3381	1	2	2	3	4	5	5	6	7
53	3388	3396	3404	3412	3420	3428	3436	3443	3451	3459	1	2	2	3	4	5	6	6	7
54	3467	3475	3483	3491	3499	3508	3516	3524	3532	3540	1	2	2	3	4	5	6	6	7
55	3548	3556	3565	3573	3581	3589	3597	3606	3614	3622	1	2	2	3	4	5	6	7	7
56	3631	3639	3648	3656	3664	3673	3681	3690	3698	3707	1	2	3	3	4	5	6	7	8
57	3715	3724	3733	3741	3750	3758	3767	3776	3784	3793	1	2	3	3	4	5	6	7	8
58	3802	3811	3819	3828	3837	3846	3855	3864	3873	3882	1	2	3	4	4	5	6	7	8
59	3890	3899	3908	3917	3926	3936	3945	3954	3963	3972	1	2	3	4	5	5	6	7	8
60	3981	3990	3999	4009	4018	4027	4036	4046	4055	4064	1	2	3	4	5	6	6	7	8
61	4074	4083	4093	4102	4111	4121	4130	4140	4150	4159	1	2	3	4	5	6	7	8	9
62	4169	4178	4188	4198	4207	4217	4227	4236	4246	4256	1	2	3	4	5	6	7	8	9
63	4266	4276	4285	4295	4305	4315	4325	4335	4345	4355	1	2	3	4	5	6	7	8	9
64	4365	4375	4385	4395	4406	4416	4426	4436	4446	4457	1	2	3	4	5	6	7	8	9
65	4467	4477	4487	4498	4508	4519	4529	4539	4550	4560	1	2	3	4	5	6	7	8	9
66	4571	4581	4592	4603	4613	4624	4634	4645	4656	4667	1	2	3	4	5	6	7	9	10
67	4677	4688	4699	4710	4721	4732	4742	4753	4764	4775	1	2	3	4	5	7	8	9	10
68	4786	4797	4808	4819	4831	4842	4853	4864	4875	4887	1	2	3	4	6	7	8	9	10
69	4898	4909	4920	4932	4943	4955	4966	4977	4989	5000	1	2	3	5	6	7	8	9	10
70	5012	5023	5035	5047	5058	5070	5082	5093	5105	5117	1	2	4	5	6	7	8	9	11
71	5129	5140	5152	5164	5176	5188	5200	5212	5224	5236	1	2	4	5	6	7	8	10	11
72	5248	5260	5272	5284	5297	5309	5321	5333	5346	5358	1	2	4	5	6	7	9	10	11
73	5370	5383	5395	5408	5420	5433	5445	5458	5470	5483	1	3	4	5	6	8	9	10	11
74	5495	5508	5521	5534	5546	5559	5572	5585	5598	5610	1	3	4	5	6	8	9	10	12
75	5623	5636	5649	5662	5675	5689	5702	5715	5728	5741	1	3	4	5	7	8	9	10	12
76	5754	5768	5781	5794	5808	5821	5834	5848	5861	5875	1	3	4	5	7	8	9	11	12
77	5888	5902	5916	5929	5943	5957	5970	5984	5998	6012	1	3	4	5	7	8	10	11	12
78	6026	6039	6053	6067	6081	6095	6109	6124	6138	6152	1	3	4	6	7	8	10	11	13
79	6166	6180	6194	6209	6223	6237	6252	6266	6281	6295	1	3	4	6	7	9	10	11	13
80	6310	6324	6339	6353	6368	6383	6397	6412	6427	6442	1	3	4	6	7	9	10	12	13
81	6457	6471	6486	6501	6516	6531	6546	6561	6577	6592	2	3	5	6	8	9	11	12	14
82	6607	6622	6637	6653	6668	6683	6699	6714	6730	6745	2	3	5	6	8	9	11	12	14
83	6761	6776	6792	6808	6823	6839	6855	6871	6887	6902	2	3	5	6	8	9	11	13	14
84	6918	6934	6950	6966	6982	6998	7015	7031	7047	7063	2	3	5	6	8	10	11	13	15
85	7079	7096	7112	7129	7145	7161	7178	7194	7211	7228	2	3	5	7	8	10	12	13	15
86	7244	7261	7278	7295	7311	7328	7345	7362	7379	7396	2	3	5	7	8	10	12	13	15

续表

m	0	1	2	3	4	5	6	7	8	9	表　尾　差								
											1	2	3	4	5	6	7	8	9
87	7413	7430	7447	7464	7482	7499	7516	7534	7551	7568	2	3	5	7	9	10	12	14	16
88	7586	7603	7621	7638	7656	7674	7691	7709	7727	7745	2	4	5	7	9	11	12	14	16
89	7762	7780	7798	7816	7834	7852	7870	7889	7907	7925	2	4	5	7	9	11	13	14	16
90	7943	7962	7980	7998	8017	8035	8054	8072	8091	8110	2	4	6	7	9	11	13	15	17
91	8128	8147	8166	8185	8204	8222	8241	8260	8279	8299	2	4	6	8	9	11	13	15	17
92	8318	8337	8356	8375	8395	8414	8433	8453	8472	8492	2	4	6	8	10	12	14	15	17
93	8511	8531	8551	8570	8590	8610	8630	8650	8670	8690	2	4	6	8	10	12	14	16	18
94	8710	8730	8750	8770	8790	8810	8831	8851	8872	8892	2	4	6	8	10	12	14	16	18
95	8913	8933	8954	8974	8995	9016	9036	9057	9078	9099	2	4	6	8	10	12	15	17	19
96	9120	9141	9162	9183	9204	9226	9247	9268	9290	9311	2	4	6	8	11	13	15	17	19
97	9333	9354	9376	9397	9419	9441	9462	9484	9506	9528	2	4	7	9	11	13	15	17	20
98	9550	9572	9594	9616	9638	9661	9683	9705	9727	9750	2	4	7	9	11	13	16	18	20
99	9772	9795	9817	9840	9863	9886	9908	9931	9954	9977	2	5	7	9	11	14	16	18	20

附录3　死亡率与概率单位转换表

死亡率	0	1	2	3	4	5	6	7	8	9
0	0	1.9098	2.1218	2.2522	2.3479	2.4242	2.4879	2.5427	2.5911	2.6344
1	2.6737	2.7069	2.7429	2.7738	2.8027	2.8299	2.8556	2.8799	2.9031	2.9251
2	2.9463	2.9665	2.9859	3.0046	3.0226	3.0400	3.0569	3.0732	3.0890	3.1043
3	3.1192	3.1337	3.1478	3.1616	3.1750	3.1881	3.2009	3.2134	3.2256	3.2376
4	3.2493	3.2608	3.2721	3.2831	3.2940	3.3046	3.3151	3.3253	3.3354	3.3454
5	3.3551	3.3648	3.3742	3.3836	3.3928	3.4018	3.4107	3.4195	3.4282	3.4368
6	3.4452	3.4536	3.4618	3.4699	3.4780	3.4859	3.4937	3.5015	3.5091	3.5167
7	3.5242	3.5316	3.5389	3.5462	3.5534	3.5605	3.5675	3.5745	3.5813	3.5882
8	3.5949	3.6016	3.6083	3.6148	3.6213	3.6278	3.6342	3.6405	3.6468	3.6531
9	3.6592	3.6654	3.6715	3.6775	3.6835	3.6894	3.6953	3.7012	3.7070	3.7127
10	3.7184	3.7241	3.7298	3.7354	3.7409	3.7464	3.7519	3.7574	3.7628	3.7681
11	3.7735	3.7788	3.7840	3.7893	3.7945	3.7996	3.8048	3.8099	3.8150	3.8200
12	3.8250	3.8300	3.8350	3.8399	3.8448	3.8497	3.8545	3.8593	3.8641	3.8689
13	3.8736	3.8783	3.8830	3.8877	3.8923	3.8969	3.9015	3.9061	3.9107	3.9152
14	3.9197	3.9242	3.9286	3.9331	3.9375	3.9419	3.9463	3.9506	3.9550	3.9593
15	3.9636	3.9678	3.9721	3.9763	3.9806	3.9848	3.9890	3.9931	3.9973	4.0014
16	4.0055	4.0096	4.0137	4.0178	4.0218	4.0259	4.0299	4.0339	4.0379	4.0419
17	4.0458	4.0498	4.0537	4.0576	4.0615	4.0654	4.0693	4.0731	4.0770	4.0808
18	4.0846	4.0884	4.0922	4.0960	4.0998	4.1035	4.1073	4.1110	4.1147	4.1184
19	4.1221	4.1258	4.1295	4.1331	4.1367	4.1404	4.1440	4.1476	4.1512	4.1548

续表

死亡率	0	1	2	3	4	5	6	7	8	9
20	4.1584	4.1619	4.1655	4.1690	4.1726	4.1761	4.1796	4.1831	4.1866	4.1901
21	4.1936	4.1970	4.2005	4.2039	4.2074	4.2108	4.2142	4.2176	4.2210	4.2244
22	4.2278	4.2312	4.2345	4.2379	4.2412	4.2446	4.2479	4.2512	4.2546	4.2579
23	4.2612	4.2644	4.2677	4.2710	4.2743	4.2775	4.2808	4.2840	4.2872	4.2905
24	4.2937	4.2969	4.3001	4.3033	4.3065	4.3097	4.3129	4.3160	4.3192	4.3224
25	4.3255	4.3287	4.3318	4.3349	4.3380	4.3412	4.3443	4.3474	4.3505	4.3536
26	4.3567	4.3597	4.3268	4.3659	4.3689	4.3720	4.3750	4.3781	4.3811	4.3842
27	4.3872	4.3902	4.3932	4.3962	4.3992	4.4022	4.4052	4.4082	4.4112	4.4142
28	4.4172	4.4201	4.4231	4.4260	4.4290	4.4319	4.4349	4.4378	4.4408	4.4437
29	4.4466	4.4495	4.4524	4.4554	4.4583	4.4612	4.4641	4.4670	4.4698	4.4727
30	4.4756	4.4785	4.4813	4.4842	4.4871	4.4899	4.4928	4.4956	4.4985	4.5013
31	4.5041	4.5070	4.5098	4.5126	4.5155	4.5183	4.5211	4.5239	4.5267	4.5295
32	4.5323	4.5351	4.5379	4.5407	4.5435	4.5462	4.5490	4.5518	4.5546	4.5573
33	4.5601	4.5628	4.5656	4.5684	4.5711	4.5739	4.5766	4.5793	4.5821	4.5848
34	4.5875	4.5903	4.5930	4.5957	4.5984	4.6011	4.6039	4.6066	4.6093	4.6120
35	4.6147	4.6174	4.6201	4.6228	4.6255	4.6281	4.6308	4.6335	4.6362	4.6389
36	4.6415	4.6442	4.6469	4.6495	4.6522	4.6549	4.6575	4.6602	4.6628	4.6655
37	4.6681	4.6708	4.6734	4.6761	4.6787	4.6814	4.6840	4.6866	4.6893	4.6919
38	4.6945	4.6971	4.6998	4.7024	4.7050	4.7076	4.7102	4.7129	4.7155	4.7181
39	4.7207	4.7233	4.7259	4.7285	4.7311	4.7337	4.7363	4.7389	4.7415	4.7441
40	4.7467	4.7492	4.7518	4.7544	4.7570	4.7596	4.7622	4.7647	4.7673	4.7699
41	4.7725	4.7750	4.7776	4.7802	4.7827	4.7853	4.7879	4.7904	4.7930	4.7955
42	4.7981	4.8007	4.8032	4.8058	4.8083	4.8109	4.8134	4.8160	4.8185	4.8211
43	4.8236	4.8262	4.8287	4.8313	4.8338	4.8363	4.8389	4.8418	4.8440	4.8465
44	4.8490	4.8516	4.8541	4.8566	4.8592	4.8617	4.8642	4.8668	4.8693	4.8718
45	4.8743	4.8769	4.8794	4.8819	4.8844	4.8870	4.8895	4.8920	4.8945	4.8970
46	4.8996	4.9021	4.9046	4.9071	4.9096	4.9122	4.9147	4.9172	4.9197	4.9222
47	4.9247	4.9272	4.9298	4.9323	4.9348	4.9373	4.9398	4.9423	4.9448	4.9473
48	4.9498	4.9524	4.9549	4.9574	4.9599	4.9624	4.9649	4.9674	4.9699	4.9724
49	4.9749	4.9774	4.9799	4.9528	4.9850	4.9875	4.9900	4.9925	4.995	4.9975
50	5.0000	5.0025	5.005	5.0075	5.0100	5.0125	5.0150	5.0175	5.0201	5.0226
51	5.0251	5.0276	5.0301	5.0326	5.0351	5.0376	5.0401	5.0426	5.0451	5.0476
52	5.0502	5.0527	5.0552	5.0577	5.0602	5.0627	5.0652	5.0671	5.0702	5.0728
53	5.0753	5.0778	5.0803	5.0828	5.0853	5.0878	5.0904	5.0929	5.0954	5.0979
54	5.1004	5.1030	5.1055	5.1080	5.1105	5.1130	5.1156	5.1181	5.1206	5.1231
55	5.1257	5.1281	5.1307	5.1332	5.1358	5.1383	5.1408	5.1434	5.1459	5.1484
56	5.1510	5.1535	5.1560	5.1586	5.1611	5.1637	5.1662	5.1687	5.1713	5.1738
57	5.1764	5.1789	5.1815	5.1840	5.1866	5.1891	5.1917	5.1942	5.1968	5.1993
58	5.2019	5.2045	5.2070	5.2096	5.2121	5.2147	5.2173	5.2198	5.2224	5.2250
59	5.2275	5.2301	5.2327	5.2353	5.2378	5.2404	5.2430	5.2456	5.2482	5.2508

死亡率	0	1	2	3	4	5	6	7	8	9
60	5.2533	5.2559	5.2585	5.2611	5.2637	5.2663	5.2689	5.2715	5.2741	5.2767
61	5.2793	5.2819	5.2845	5.2871	5.2898	5.2924	5.2950	5.2976	5.3002	5.3079
62	5.3055	5.3081	5.3107	5.3134	5.3160	5.3186	5.3213	5.3239	5.3266	5.3292
63	5.3319	5.3345	5.3372	5.3398	5.3425	5.3451	5.3478	5.3505	5.3531	5.3558
64	5.3585	5.3611	5.3638	5.3665	5.3692	5.3719	5.3745	5.3772	5.3799	5.3826
65	5.3853	5.3880	5.3907	5.3935	5.3961	5.3989	5.4016	5.4043	5.4070	5.4097
66	5.4125	5.4152	5.4179	5.4207	5.4234	5.4261	5.4289	5.4316	5.4344	5.4372
67	5.4399	5.4427	5.4454	5.4482	5.4510	5.4538	5.4565	5.4593	5.4621	5.4649
68	5.4677	5.4705	5.4733	5.4761	5.4789	5.4817	5.4845	5.4874	5.4902	5.4930
69	5.4959	5.4987	5.5015	5.5044	5.5072	5.5101	5.5129	5.5158	5.5187	5.5215
70	5.5244	5.5273	5.5302	5.5330	5.5359	5.5388	5.5417	5.5446	5.5476	5.5505
71	5.5534	5.5563	5.5592	5.5622	5.5651	5.5681	5.5710	5.5740	5.5769	5.5799
72	5.5828	5.5858	5.5888	5.5918	5.5948	5.5978	5.6008	5.6038	5.6068	5.6098
73	5.6128	5.6158	5.6189	5.6219	5.6250	5.6280	5.6311	5.6341	5.6372	5.6403
74	5.6433	5.6464	5.6495	5.6526	5.6557	5.6588	5.6620	5.6651	5.6682	5.6713
75	5.6745	5.6776	5.6808	5.6840	5.6871	5.6903	5.6935	5.6967	5.6999	5.7031
76	5.7063	5.7095	5.7128	5.7160	5.7192	5.7225	5.7257	5.7290	5.7623	5.7356
77	5.7388	5.7421	5.7454	5.7488	5.7521	5.7554	5.7588	5.7621	5.7655	5.7688
78	5.7722	5.7756	5.7790	5.7824	5.7858	5.7892	5.7926	5.7961	5.7995	5.8030
79	5.8064	5.8099	5.8134	5.8169	5.8204	5.8239	5.8274	5.8310	5.8345	5.8381
80	5.8416	5.8452	5.8488	5.8524	5.8560	5.8596	5.8633	5.8669	5.8705	5.8742
81	5.8779	5.8816	5.8853	5.8890	5.8927	5.8965	5.9002	5.9040	5.9078	5.9116
82	5.9154	5.9192	5.9230	5.9269	5.9307	5.9346	5.9385	5.9424	5.9463	5.9502
83	5.9542	5.9581	5.9621	5.9661	5.9701	5.9741	5.9782	5.9822	5.9863	5.9904
84	5.9945	5.9986	6.0027	6.0069	6.0110	6.0152	6.0194	6.0237	6.0279	6.0322
85	6.0364	6.0407	6.0450	6.0494	6.0537	6.0581	6.0625	6.0669	6.0714	6.0758
86	6.0803	6.0848	6.0893	6.0939	6.0985	6.1031	6.1077	6.1123	6.1170	6.1217
87	6.1264	6.1311	6.1359	6.1407	6.1455	6.1503	6.1552	6.1601	6.1650	6.1700
88	6.1750	6.1800	6.1850	6.1901	6.1952	6.2004	6.2055	6.2107	6.2160	6.2212
89	6.2265	6.2319	6.2372	6.2426	6.2481	6.2536	6.2591	6.2646	6.2702	6.2859
90	6.2816	6.2873	6.2930	6.2988	6.3047	6.3106	6.3165	6.3225	6.3285	6.3346
91	6.3408	6.3469	6.3532	6.3595	6.3658	6.3722	6.3787	6.3852	6.3917	6.3984
92	6.4051	6.4118	6.4187	6.4255	6.4325	6.4395	6.4466	6.4538	6.4611	6.4684
93	6.4758	6.4833	6.4909	6.4985	6.5063	6.5141	6.5220	6.5301	6.5382	6.5464
94	6.5548	6.5632	6.5718	6.5805	6.5893	6.5982	6.6072	6.6164	6.6258	6.6352
95	6.6449	6.6546	6.6546	6.6747	6.6849	6.6954	6.7060	6.7169	6.7279	6.7392
96	6.7507	6.7624	6.7744	6.7866	6.7991	6.8119	6.8250	6.8284	6.8522	6.8663
97	6.8808	6.8957	6.9110	6.9268	6.9431	6.9600	6.9774	6.9954	7.0141	7.0335
98	7.0537	7.0749	7.0969	7.1201	7.1444	7.1701	7.1973	7.2262	7.2571	7.2904
99	7.3263	7.3656	7.4089	7.4573	7.5121	7.5758	7.6521	7.7478	7.8782	8.0902

附录 4　常用解剖器具使用

1. 手术刀　　手术刀有刀柄和刀片组合式以及刀柄和刀片连体式 2 种。常用的执刀方法有 2 种：执弓式动作范围广而灵活，执笔式用力轻而操作精确（附图 1）。

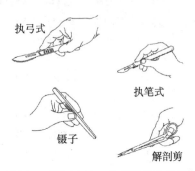

附图 1　执刀方法、执镊姿势和执剪姿势

2. 解剖剪　　解剖剪常分为直、弯、尖和钝头剪，又分长、短型剪及小型的眼科剪。一般长型用于深部，短型用于浅部，眼科剪用于精细部位。不要用手术剪剪骨头等坚硬组织，免伤刃口。注意执剪姿势，应以拇指和无名指分别插入柄的两环持剪。

3. 镊子　　镊子用来夹持、牵拉、分离组织。镊子有圆头、尖头，直头、弯头，有齿、无齿和眼科镊等长短不一、大小不同的多种形式，可根据需要选用。通常夹持较坚韧或较厚的组织用有齿镊为宜；在脏器、大血管、神经等重要组织附近操作时宜用无齿镊；眼科镊用来夹起较小的组织或分离结缔组织，不可用力过度使之变形。执镊时用拇指对食、中指夹持镊柄，不宜实握于掌心中。